"十三五"国家重点图书出版规划项目

画说肉鸡常见病诊治

中国农业科学院组织编写

李连任　主编

中国农业科学技术出版社

图书在版编目（CIP）数据

画说肉鸡常见病诊治/李连任主编 . – 北京：
中国农业科学技术出版社，2017.6
ISBN 978-7-5116-3032-2

Ⅰ.①画… Ⅱ.①李… Ⅲ.①肉鸡－鸡病－防治－
图解 Ⅳ.① S858.31-64

中国版本图书馆 CIP 数据核字（2017）第 075044 号

责任编辑 张国锋
责任校对 贾海霞

出 版 者	中国农业科学技术出版社
	北京市中关村南大街 12 号 邮编：100081
电 话	（010）82106636（编辑室）（010）82109702（发行部）
	（010）82109709（读者服务部）
传 真	（010）82106631
网 址	http://www.castp.cn
经 销 者	各地新华书店
印 刷 者	北京富泰印刷有限责任公司
开 本	880mm×1 230mm 1 /32
印 张	6
字 数	134 千字
版 次	2017 年 6 月第 1 版 2017 年 6 月第 1 次印刷
定 价	29.80 元

编委会

《画说『三农』书系》

主　任	陈萌山
副主任	李金祥　　王汉中　　贾广东
委　员	郭　玮　　张合成　　王守聪　　贾敬敦
	杨雄年　　范　军　　汪飞杰　　梅旭荣
	冯东昕　　袁龙江　　王加启　　戴小枫
	王东阳　　王道龙　　程式华　　殷　宏
	陈巧敏　　骆建忠　　张应禄

编写人员

《画说肉鸡常见病诊治》

主　编　李连任

副主编　郑培志　黄继成

编　者　（以姓氏笔画为序）

尹绪贵　邢茂军　朱　琳　闫益波　李　童

李长强　李连任　李秀梅　李茂刚　郑培志

范秀娟　季大平　周艳琴　郭长城　黄继成

鞠增强

序言

《画说『三农』书系》

让农业成为有奔头的产业，让农村成为幸福生活的美好家园，让农民过上幸福美满的日子，是习近平总书记的"三农梦"，也是中国农民的梦。

农民是农业生产的主体，是农村建设的主人，是"三农"问题的根本。给农业插上科技的翅膀，用现代科学技术知识武装农民头脑，培育亿万新型职业农民，是深化农村改革、加快城乡一体化发展、全面建成小康社会的重要途径。

中国农业科学院是中央级综合性农业科研机构，致力于解决我国农业战略性、全局性、关键性、基础性科技问题。在新的历史时期，根据党中央部署，坚持"顶天立地"的指导思想，组织实施"科技创新工程"，加强农业科技创新和共性关键技术攻关，加快科技成果的转化应用和集成推广，在农业部的领导下，牵头组建国家农业科技创新联盟，联合各级农业科研院所、高校、企业和农业生产组织，建立起更大范围协同创新的科研机制，共同推动农业科技进步和现代农业发展。

组织编写《画说"三农"书系》，是中国农业科学院在新时期加快普及现代农业科技知识，帮助农民职业化发展的重要举措。我们在全国范围遴选优秀专家，组织编写农民朋友喜欢看、用得上的系列图书，图文并茂地展示最新的实用农业科技知识，希望能为农民朋友充实自我、发展农业、建设农村牵线搭桥做出贡献。

中国农业科学院党组书记　陈萌山

2016 年 1 月 1 日

前言

画说肉鸡常见病诊治

近年来，随着肉鸡业的发展，鸡病越来越复杂，治疗难度加大，给肉鸡生产带来较大隐患。为帮助养殖业户提高鸡病的诊治能力，保障肉鸡的健康养殖，我们组织部分一线技术服务人员编写了这本《画说肉鸡常见病诊治》。

本书编写人员为一线兽医技术服务人员，临床经验丰富，实践能力强，在本专业领域具有一定的社会影响，与养殖企业有着密切的联系。全书给出了25种常见肉鸡病的临床症状与病理变化图片，这些图片几乎全部是编者在一线技术服务工作中实地拍摄的，真实生动，形象直观，图像清晰，可让读者"看图识病，识病能治"，以达到快速掌握各种肉鸡病诊断与防治的目的，非常适合基层兽医工作者参考使用。

《画说肉鸡常见病诊治》是广大肉鸡病防治工作者和肉鸡养殖场技术人员、动检工作者、基层兽医必备的工具书，也是大专院校动物医学专业、食品卫生检验专业的重要参考书。

由于编者水平所限，时间仓促，书中难免有不妥和错误之处，恳求读者在使用中提出批评指正。

编者

2016 年 9 月

Contents 目 录

第一章

了解鸡的正常外貌与解剖特征

第一节　鸡的正常外貌特征

　　疾病经常表现在症状上。识别疾病的症状从识别正常鸡的行为开始，只要知道正常鸡的行为特征，就可以很容易地捕获病鸡微小的变化。因此，使用视觉、听觉、嗅觉甚至味觉，捕获疾病信号（症状），然后问自己：这些信号告诉我什么？这些信号由哪些因素引起？

一、外貌特征

　　鸡的外貌可分为头部、颈部、体躯和四肢四大部分（图1-1）。

图1-1　鸡的外貌特征

1.鸡冠；2.眼；3.喙；4.耳；5.耳叶；6.肉髯；7.颈羽（梳羽）；8.翼；9.胸；10.肩；11.背；12.鞍（腰）；13.小镰羽；14.大镰羽；15.腹；16.小腿；17.跗关节；18.距；19.第四趾（后趾）；20.第三趾（内趾）；21.第二趾；22.第一趾；23.胫

鸡头部由冠、髯、喙、脸、眼、耳叶、肉垂等构成。头部的形态（图1-2）及发育程度能反映品种、性别、健康和生产性能高低等情况。

图1-2　鸡的头部形态

因品种不同颈部长短不同，鸡颈由13~14个颈椎组成。蛋用型鸡颈较细长，肉用型鸡颈较粗短。

鸡的体躯由胸、腹、尾3部分构成，与性别、生产性能、健康状况有密切关系。

正常的鸡翅膀应紧扣身体（图1-3），下垂是休弱多病

图1-3　正常鸡双翅紧扣身体

图 1-14 消化系统解剖特征

1. 口咽

鸡口腔结构简单，没有唇、齿和软腭，因此与咽无明显界限，故将口腔和咽合称口咽（图 1-15）。口咽黏膜内唾液腺发达，分布很广，主要分泌黏液。

图 1-15 切开后的口咽和食管

2. 食管和嗉囊

食管前起于咽，后与嗉囊相连。嗉囊可贮存和软化食料。

3. 胃

（1）腺胃　呈短纺锤形，位于腹腔左侧、肝左右叶之间的背侧，前接食管，后连肌胃。胃壁较厚，胃腔小，内腔面有许多肉眼可见的圆形乳头（图 1-16、图 1-17）。

（2）肌胃　也叫鸡肫。呈两面凸的圆形或椭圆形，壁厚而坚实。位于腹腔左侧、肝左右叶之间的后方，前与腺胃相连，后与十二指肠相通。肌胃的平滑肌非常发达，在侧面上腱组织相互连接，形成致密而坚韧、闪光的腱膜。

图 1-16　肿大如乒乓球的腺胃

图 1-17　剖开的腺胃

　　肌胃内经常有吞食的沙砾，故肌胃也叫砂囊。胃黏膜表面覆盖一层富有皱褶而粗糙的黄色或棕色的角质膜，俗称肫皮（药名鸡内金），系脱落的黏膜上皮与胃壁内腺体的分泌物在酸性环境下硬化形成（图1-18、图1-19）。

图 1-18　揭去肫皮的肌胃

图 1-19　揭去肫皮的肌胃

　　4. 肠和泄殖腔

　　（1）小肠　小肠较长，又分为十二指肠、空肠和回肠 3 段。

　　十二指肠：起于肌胃，并在肌胃右侧向后形成一"U"形袢。由肌胃起始向后的为降袢，折转向前的为升袢，两袢内夹有胰（图1-20）。胰管和胆管开口于与肌胃相对应的升袢处，此处为十二指肠和空肠的分界线。

空肠：较长，盘曲成许多半环状的肠袢。在空、回肠交界处的肠系膜对侧，有一小乳头状突起，叫卵黄囊憩室，是胚胎时期卵黄囊柄的遗迹。此处是空、回肠的界限（图1-21）。

图1-20　十二指肠形成的"U"形袢，袢内夹有胰

图1-21　十二指肠、空肠、回肠、盲肠

回肠：较短而直，后部夹在两盲肠之间，并有回盲韧带与盲肠相连（图1-22）。

（2）大肠　包括两条盲肠和短的直肠。

盲肠：较长，呈盲管状。基部细，开口于回、直肠交界处，中部较粗，盲端较细。在基部壁内分布有丰富的淋巴组织，构成盲肠扁桃体（图1-23）。

图1-22　盲肠和回肠（两侧为盲肠）

直肠：短而直，呈淡灰绿色，前接回、盲肠连接处，向后逐渐变粗与泄殖腔相通。

图1-23　回盲口处的扁桃体

（3）泄殖腔　是消化、泌尿和生殖3个系统后端的共用通道，略呈球形，向后以泄殖孔或肛门与外界相通。泄殖腔以两个不完整的黏膜褶分为3部分，即粪道、泄殖道和肛道。正因如此，正常粪便上多附着尿酸盐样尿液（图1-24）。

图1-24　粪便上多附着尿酸盐样尿液

鸡的泄殖腔不仅排泄固体废物，还包括肾脏的代谢废物。对成年鸡，母鸡和公鸡的泄殖腔还分别排出蛋和精液。

5．肝和胰

（1）肝　较发达，位于腹腔前下部，分左右两叶（图1-25）。成鸡肝一般为淡褐色

图1-25　肝

或红褐色，刚出壳的雏鸡由于吸收卵黄色素而呈鲜黄色，约两周后颜色变深，肥育鸡的肝则呈黄褐色或土黄色。

（2）胰　位于十二指肠襻内，淡红或淡黄色（图1-26），有2~3条胰管开口于十二指肠终端。

二、呼吸系统解剖特征

鸡的呼吸系统由鼻腔、

图1-26　胰

咽、喉、气管、鸣管、支气管、肺、气囊和充气骨骼组成（图1-27）。

（1）鼻腔　鼻腔的外口为一对鼻孔，位于喙的基部。当鸡患传染性鼻炎等疾病时，窦黏膜发炎，致使眶下窦积液、肿大。

图1-27　呼吸系统局部解剖特征

图1-28　咽、喉

（2）咽　见消化系统口咽。

（3）喉　位于咽底壁、舌根后方，外形呈尖端向前的心形（图1-28）。

（4）气管　起始于喉，较长，伴随食管等由颈部伸延到胸腔（图1-29）。其壁主要由"O"形软骨环靠结缔组织和肌组织连接构成，内衬黏膜。进入胸腔后在心基部背侧分为左右支气管进入左右肺，分支处形成鸣管。

（5）支气管　很短，在心基部背侧经肺门进入左右肺。支气管的软骨环为"C"形。

图1-29　剪开的喉和气管

（6）肺 是进行气体交换的器官（图1-30）。鸡（禽）肺不大，鲜红色，位于胸腔背侧，略呈扁平四边形，不分叶，背侧嵌入肋间隙具有几条肋沟。腹侧前方为肺门，是支气管、血管等进出的地方。

图1-30 肺的解剖特征

由于鸡肺内支气管相互通连，故肺内感染容易扩张，较难治疗。

（7）气囊 气囊是禽类特有的器官，系支气管的分支出肺后膨大形成的黏膜囊。气囊壁薄而透明，多数家禽有9个，即1对颈气囊、1个锁骨气囊、1对胸前气囊、1对胸后气囊和1对腹气囊。颈气囊位于胸腔前部背侧，锁骨气囊位于胸腔前部腹侧，胸前气囊位于肺的腹侧前部，胸后气囊位于肺的腹侧后部（图1-31），腹气囊最大，位于腹腔内器官的两侧（图1-32）。

图1-31 胸气囊

图1-32 腹气囊

第二章

肉鸡病的诊断方法

第一节　鸡病诊断中常见的病理变化

一、充血

（一）充血的定义

充血是指小动脉和毛细血管扩张，流入到组织器官中的动脉血量增加，流出的血量正常，使组织器官中的动脉血量增多的一种现象。

（二）充血的病理变化

充血时由于组织器官中动脉含血量增多，外观表现为鲜红色，充血的器官稍增大，温度比正常时稍高，组织器官的功能增强。有时可见鸡的肠壁和肠系膜血管充血，表现为明显的树枝状，

图2-1　肉鸡猝死常见肠系膜血管充血

呈鲜红色，养殖户反映的肠子严重出血多属此类（图2-1）。

二、瘀血

（一）瘀血的定义

瘀血是由于小静脉和毛细血管回流受阻，血液淤积在小静脉和毛细血管中，流入正常，流出减少，使组织器官中静脉血含量增多的现象。

（二）瘀血的病理变化

腹水综合征时肠管、脾脏瘀血（图2-2）明显，特别是肠管，表现为肠壁呈暗红色，血管明显增粗，充满暗红色血液。鸡传染性喉气管炎、禽流感、新城疫等疾病时鸡的全身瘀血，头颈部最容易看到，表现为鸡冠、肉髯、皮肤、食管黏膜、气管黏膜呈暗红色或紫红色。

图2-2　肉鸡腹水综合征时出现肝脏、脾脏瘀血、肿大

三、出血

（一）出血的定义

血液流出心脏或血管以外称为出血。

（二）出血的病理变化

在多数疾病中发生的出血多表现为点状、斑状或弥漫性出血，色泽呈红色或暗红色。

鸡传染性法氏囊病时多表现为腿肌、胸肌、翅肌的条纹状或斑块状出血（图2-3、图2-4）；禽流感时可发生多处出血，如腺胃、心肌、气管黏膜、肾、肺（图2-5、图2-6）等处出血，特征性的是腿部鳞片下出血。

图 2-3　鸡传染性法氏囊病时表现的腿肌条纹状或斑点状出血

图 2-4　鸡传染性法氏囊病时表现的腿肌条纹状或斑点状出血

图 2-5　肾脏出血

图 2-6　肺出血

四、贫血

（一）贫血的定义

单位容积血液内红细胞数或血红蛋白低于正常范围，称为贫血。

（二）贫血的病理变化

贫血可分为局部贫血和全身性贫血。鸡的贫血主要是全身性贫血。鸡贫血时主要是全身性贫血。鸡贫血时主要表现为冠髯苍白（图 2-7）、肌肉苍白等。

图 2-7　鸡传染性贫血时鸡冠苍白

五、水肿

（一）水肿的定义

组织液在组织间隙蓄积过多的现象称为水肿。

水肿有心性水肿、肝性水肿、营养性水肿、炎性水肿等，不同的水肿具体原因不同。临床上还可常见到大肠杆菌病的水肿（图2-8）。

图2-8　大肠杆菌病时的肿头肿脸

（二）水肿的病理变化

鸡的水肿表现为局部皮下、肌间呈淡黄色或灰白色胶冻样浸润，如维生素 E 和 Se 缺乏时腹下、颈部等部位呈淡黄色或蓝绿色黏液样水肿；法氏囊病时法氏囊呈淡黄色胶冻样水肿（图2-9）；

图2-9　肉鸡传染性法氏囊时表现法氏囊水肿

腹水综合征则表现为腹腔积水，呈无色或灰黄色；禽流感时肺充血、水肿（图2-10），面部肿胀，皮下胶冻样渗出（图2-11）。

图2-10 禽流感时肺出血、水肿　图2-11 面部肿胀，胶冻样渗出

六、萎缩

（一）萎缩的定义

已经发育到正常大小的组织、器官，由于物质代谢障碍导致体积小、功能减退的过程，称为萎缩。

（二）萎缩的病理变化

在鸡中常见全身性萎缩，表现为生长发育不良，机体消瘦贫血，羽毛松乱无光，冠髯萎缩、苍白、血液稀薄，全身脂肪耗尽，肌肉苍白、减少，器官体积缩小、重量减轻，肠壁菲薄。例如，肉鸡痛风时，鸡体消瘦，肌肉萎缩（图2-12）。局部萎缩常见于马立克

图2-12 肉鸡痛风时，鸡体消瘦，肌肉萎缩

氏病时受害肢体鸡肉严重萎缩。肾脏萎缩时体积缩小，色泽变淡。

七、坏死

（一）坏死的定义

活体内局部组织或细胞的病理性死亡称为坏死。

（二）坏死的病理变化

组织坏死的早期外观往往与原组织相似，不易辨认。时间稍长可发现坏死组织失去正常光泽或变为苍白色，浑浊（图2-13）；失去正常组织的弹性，捏起或切断后，组织回缩不良；没有正常的血液供应，故皮肤温度降低。

图2-13　肉鸡坏死性肠炎时，肠黏膜坏死

第二节 鸡病的临床诊断方法

一、调查询问

症状是什么？

症状是什么时候开始出现的？

有先前任何检查的病历吗？

这些症状是否已经持续了一段时间？或者之前就发生过类似的症状？

技术特征是什么？

二、观察群体情况

当评价多个鸡舍和鸡群时，通常先看健康鸡后看病鸡，再从青年鸡到老年鸡。

整体评价鸡群：有明显症状吗？如果有，有多少只鸡表现症状，症状严重吗？鸡的整齐度如何？

对病鸡和异常鸡进行临床诊断。

在鸡棚内慢慢地走，甚至蹲下来，认真、仔细地观察、检查（图2-14），把所观察到的每一种症状，按照系统进行分类，如消化系统症状、呼吸系统症状、繁殖系统症状、骨

图2-14 观察鸡群

骼肌和神经系统症状、皮肤和羽毛的症状等。这样分类可以排除很多疾病，有助于更准确地诊断。

当然，令人心烦的是由一种症状不能直接推断出是哪种疾病，这就需要识别多种症状以更好地诊断疾病。相反，一种疾病有多种症状，因此很难通过一种症状就确诊是哪种疾病。除了主要症状外，像禽流感和新城疫等呼吸系统疾病也可以引起跛行和腹泻（图2–15）。

图2–15　新城疫引起的绿色腹泻

（一）观察鸡群精神状态

通过对精神状态的观察，了解疾病发展的进程和时期。

1. 正常状态下

鸡对外界刺激反应比较敏感，听觉敏锐，两眼圆睁有神。有一点刺激就头部高抬，来回观察周围动静，严重刺激会引起惊群、发出鸣叫。

当走过鸡群时，观察鸡群是否有足够的好奇心，是平静还是躁动，是否全部站立起来，并发出叫声，眼睛看着你（图2–16）。那些不能站立的鸡，可能就是弱鸡或病鸡。

图2–16　警觉的鸡群

2.病理状态下

在病态时首先反映到精神状态的变化，会出现精神兴奋、精神沉郁和嗜睡。

（1）兴奋 对外界轻微的刺激或没有刺激表现强烈的反应，引起惊群、乱飞、鸣叫，鸡群中出现乱跑的鸡只（图2-17）。临床多表现为药物中毒、维生素缺乏等。

图2-17 鸡群中出现乱跑的鸡只

（2）精神沉郁 鸡群对外界刺激反应轻微，甚至没有任何反应，表现呆立、头颈蜷缩、两眼半闭、行动呆滞等（图2-18）。临床上许多疾病均会引起精神沉郁，如雏鸡沙门氏菌感染、禽霍乱、法氏囊炎、新城疫、禽流感、传染性支气管炎、球虫病等。

图2-18 法氏囊炎时病鸡群精神沉郁

（3）嗜睡 重度的萎靡、闭眼似睡、站立不动或卧地不起，给以强烈刺激才引起轻微反应甚至无反应（图2-19）。可见于许多疾病后期，往往愈合不良。

图2-19 病鸡嗜睡

（二）观察鸡群采食状况

病理状态主要是采食量过低。发现这种现象，提示饲养者注意以下可能存在的问题。

1. 雏鸡质量问题

雏鸡沙门氏菌（鸡白痢，图2-20）、大肠杆菌等病菌感染。

2. 饲养管理问题

育雏温度过低或波动太大，鸡舍湿度过大。温度过低极易造成鸡群受凉（图2-21），湿度过大极易造成鸡白痢、球虫病，同时温差过大还会造在"大肚子病"，均会影响采食。

3. 饲料问题

饲料原料霉菌（图2-22、图2-23）是一个较普遍而又不易解决的问题，一方面，霉菌毒素导致肝脏、肾脏、胰腺变性坏死，肌

图2-20 感染鸡白痢的雏鸡

图2-21 舍内湿度大，温度低，采食量小

图2-22 优质饲料原料玉米

图2-23 发霉的玉米

胃角质膜糜烂，腺胃、肠黏膜损伤，肠道菌群失调，消化不良、拉稀；另一方面，造成鸡免疫抑制，使其他病原体继发感染，特别是新城疫、大肠杆菌等的继发感染。

4. 饮水问题

饮水不洁、水温过低、供水或水位不足等（图 2-24），均会导致采食量下降，消化不良、拉稀。

5. 用药不当

许多药物（如痢菌净、喹诺酮类药物）

图 2-24 给鸡充足的饮水位置

早期用量过大，对胃肠道会造成一定的危害，轻者拉料粪，重者胃溃疡，直接影响采食量（图 2-25）。

图 2-25 磺胺类药物中毒时肌胃腺胃交界处出血

6. 疾病原因

肠毒综合征、病毒性疾病（如 H9 型禽流感、新城疫等）、腺胃炎（图 2-26、图 2-27）等疾病，都会出现鸡采食量过低或长时间采食量维持在同一水平而不增料的现象。

图 2-26　腺胃肿大如乒乓球　　　图 2-27　肌胃角质层糜烂，腺胃乳头水肿

7. 应激反应

雏鸡早期饲养过程中存在众多应激危害因素，如接雏、扩群、免疫、换料、密度过大等，应激反应会导致胃肠功能障碍、菌群失调，进而影响胃肠道的正常消化功能。

（三）观察鸡群粪便变化

1. 正常粪便的形态和颜色（图 2-28）

鸡有 3 种不同种类的粪便。

小肠粪：大量的小肠粪呈逗号状或海螺状，正常的小肠粪表面有裂纹，挤压时干燥。

盲肠粪（图 2-29）：早晨鸡排泄黏糊、湿润、有光泽的盲肠粪，颜色由焦糖色到巧克力褐色。

肾脏分泌的尿酸盐：不同于哺乳动物，鸡没有膀胱，所以不排尿，但是可以把尿液转变为尿酸结晶，沉积在粪便表面形成一层白色尿酸盐。

图2-28　正常的小肠粪便　　　　图2-29　盲肠粪
　　　　呈逗号状

表2-1列出了异常鸡粪和可能的原因，供参考。

表2-1　异常粪便提示鸡不同的发病原因

粪便表现	提示可能的发病原因
均质稀薄	小肠问题
水串状尿酸盐，粪便呈块状	病毒感染（如法氏囊炎、肾型传支）
可见未消化的成分（料粪）	消化功能较差
橙红色，黏稠串状	鸡长时间没有采食，或感染小肠球虫
粪便带血	感染球虫
深绿色鸡粪	食欲不振或严重的急性腹泻，导致鸡粪表面有胆汁盐
黄色稀薄盲肠粪，有气体生成	小肠功能失调或饲喂不当
白色水样鸡粪	感染引起的肾病或不当的采食

（1）温度对粪便的影响　因粪道和尿道相连于泄殖腔，粪、尿同时排出，鸡又无汗腺，体表覆盖大量羽毛。因此，舍温增高，粪便变得相对比较稀，特别是夏季会引起水样腹泻（图

图2-30　舍温增高，鸡排出水样稀便

2-30）；温度偏低，粪便变稠。

（2）饲料原料对粪便的影响　若饲料中加入杂饼杂粕（如菜籽粕）、加入抗生素与药渣会使粪便发黑；若饲料加入白玉米和小麦会使粪便颜色变浅。

（3）药物对粪便的影响　若饲料中加入腐殖酸钠会使粪便变黑。

图 2-31　伴有大量尿酸盐的料粪

2．粪便异常变化

（1）粪便颜色变化

粪便发白：粪便稀而发白如石灰水样（图2-31），在泄殖腔下羽毛被尿酸盐污染呈石灰水渣样，要考虑法氏囊炎、肾型传支、雏鸡白痢、钙磷比例不当、维生素 D 缺乏、痛风等。鱼肠子样粪便（图2-32）、西瓜瓤样粪便（图2-33）：粪便内带有黏液，红色似西红柿酱色，多见小肠球虫、出血性肠炎或肠毒综合征。

发热性鸡病的恢复期多排出绿色稀薄粪便

图 2-32　鱼肠子样稀便，伴有多量尿酸盐

图 2-33　伴有大量尿酸盐的西瓜瓤样粪便

（图2-34）。

（2）粪便性质变化

水样稀便：粪便呈水样，临床多见食盐中毒、卡他性肠炎。

粪便中有大量未消化的饲料：粪酸臭，多见消化不良，肠毒综合征（图2-35、图2-36）；粪便中

图2-34　恢复期排出绿色稀薄粪便

带有黏液：粪便中带有大量脱落上皮组织和黏液，粪便腥臭，临床多见坏死性肠炎、流感、热应激等。

图2-35　稀薄的料粪

图2-36　料粪

（3）粪便异物　粪便中带有大线虫，临床多见线虫病（图2-37）。

（四）观察鸡群生长发育及生产性能

肉鸡主要观察鸡只生长速度、发育情况及均匀度（图2-38）。若鸡群生长速度

图2-37　粪便中带有大线虫

正常，则发育良好、整齐度基本一致（图2-39）。突然发病，多见于急性传染病或中毒性疾病；若鸡群发育差、生长慢、整齐度差，临床多见于慢性消耗性疾病、营养缺乏症或抵抗力差而继发其他疾病。

图2-38　鸡群均匀度较差　　　　图2-39　鸡群发育比较整齐

三、个体检查

（一）呼吸系统观察

呼吸道疾病的早期症状相同，通过这些症状不能判断疾病的轻重，需要通过与呼吸道疾病相关的其他症状来判断疾病的严重性。因此，养鸡户需要把鸡的死亡率是否增加，日增重是否降低，采食或饮水是否减少等信息经常告诉兽医。进一步的实验室检测将会确诊疾病。另外，通过听声音也可帮助判断疾病（表2-2）。

表2-2　声音也是一种症状

声音类型	原因	可能原因
无异常呼吸音，张口呼吸	呼吸道有少量黏液或炎性液体	发热；鸡舍内温度过高；肺部真菌感染；疼痛
异常呼吸音	少量炎性液体轻微刺激黏膜，眼睛潮湿	不良的鸡舍环境气候；氨气浓度高，相对湿度低；免疫疫苗后的反应；病毒感染
喷嚏	上呼吸道黏膜受刺激，同时眼部发炎	病毒或细菌感染；免疫疫苗后的反应

声音类型	原因	可能原因
发出嘎嘎声	鼻腔和气管上部的黏膜受刺激，同时有大量的黏液	不良的鸡舍环境导致大肠杆菌感染；如果症状突然则为传染性支气管炎或新城疫
张口呼吸、尖叫	呼吸道炎症，黏稠的黏液，经常会突然窒息	禽流感、新城疫、传染性支气管炎、传染性喉气管炎与大肠杆菌的混合感染

进入鸡舍时拍手或大声吹口哨，鸡还是原地不动，能听到较弱的嘎嘎声和咳嗽声（鸡群水平）。如果怀疑有呼吸道感染，抓一只鸡把它的胸部放到耳边，听且感觉是否有异常的呼吸（鸡个体水平）。病理状态下呼吸系统异常。

（1）张嘴伸颈呼吸　表现呼吸困难，多由呼吸道狭窄引起，临床多见传染性喉气管炎后期、白喉型鸡痘、支气管炎后期（图2-40、图2-41）；小鸡出现张嘴伸颈呼吸，多见肺型白痢或霉菌感染。热应激时也会出现张嘴呼吸，应注意区别。

图2-40　病鸡张口伸颈呼吸　　　　图2-41　病鸡张口伸颈呼吸

（2）甩血样黏条　在走道、笼具、食槽等处发现有带黏液血条，临床多见喉气管炎。

（3）甩鼻音　听诊时听到鸡群有甩鼻音，临床多见传染性鼻炎、支原体感染等。

（4）怪叫音 当鸡只喉头部气管内有异物时会发出怪音，临床多见传染性喉气管炎、白喉型鸡痘、球虫病等。

（5）检查鼻腔 用左手固定鸡的头部，先看两鼻腔周围是否清洁，然后用右手拇指和食指挤压两鼻孔，观察鼻孔有无鼻液或异物。

有些呼吸道疾病还会从鼻孔流出黏液（图2-42）；厚垫料饲养的肉鸡，有时可发现感冒的病鸡在鼻孔上粘有稻壳（图2-43）。

图2-42　鼻孔流出清亮黏液　　　　图2-43　鼻孔上粘有稻壳

（二）鸡只的外观检查

正常鸡站立时挺拔（图2-44）。若鸡站立时呈蜷缩状（图2-45），则体况不佳；一只脚站立时间较长，可能是胃疼，多见于肠炎、腺胃炎等疾病；跗关节着地（图2-46），第一征兆就是发生

图2-44　正常鸡只站立姿势　　　　图2-45　鸡只站立时呈蜷缩状

图 2-46　鸡站立时只跗关节着地

了腿病（如钙缺乏）。

图 2-47、图 2-48、图 2-49 是发出疾病信号的鸡只。发现这样的鸡只应立即挑出，不然会影响到其他鸡的生长与健康；病鸡是严重的威胁者。

图 2-47　病鸡（一）

图 2-48　病鸡（二）

图 2-49　病鸡（三）

羽毛湿润污秽（图2-50），可以提示垫料过于潮湿。

图2-50　羽毛湿润污秽

鸡群中有靠边站的"站岗鸡"（图2-51），说明鸡群里有大肠杆菌感染。

鸡群里打盹的鸡（图2-52），看上去缩头缩脑，反应迟钝，不愿走动，不理不睬，闭目呆立，眼睛无神，尾巴下垂，行动迟缓，一旦发生疫病，这种类型的鸡将是第一批受害者。

图2-51　"站岗鸡"

按照图2-53、图2-54中方式握住鸡只，如果是健康的，会明显感觉到它在用力挣扎，表示它在反抗。

体况良好的鸡，鸡冠直立、肉髯鲜红（图2-55），大鸡冠向一

图2-52　打盹的鸡

图2-53　握鸡

图 2-54 握鸡

图 2-55 健康鸡鸡冠直立、肉髯鲜红

边倒垂（图 2-56），是正常现象。鸡冠发白（图 2-57），常见于内脏器官出血、寄生虫病、营养不良或慢性病的后期等情况；鸡冠发绀（图 2-58），常见于慢性疾病、禽霍乱、传染性喉气管炎等；鸡冠发黑发紫，应考虑鸡新城疫、鸡霍乱、鸡盲肠肝炎、中毒等；肉髯水肿（图 2-59），多见于慢性霍乱和传染性鼻炎，传染性鼻炎一

图 2-56 健康鸡大鸡冠向一边倒垂

图 2-57 鸡冠发白

图 2-58 鸡冠发绀

图 2-59 眼睑、肉髯水肿

般两侧肉髯均肿大，慢性禽霍乱有时只有一侧肿大。

观察羽毛颜色和光泽，看是否丰满整洁（图2-60），是否有过多的羽毛断折和脱落，是否有局部或全身的脱毛或无毛，肛门附近羽毛是否被粪便污染等（图2-61）。

两翅下垂，羽毛失去光泽，多为慢性营养不良的表现；羽毛倒竖，炸毛，一般为高热、寒颤的表现（图2-62）；羽毛脱落、光秃，常见于维生素A缺乏、体表寄生虫性疾病。

皮肤上形成肿瘤，临床多见皮肤型马立克氏病；皮肤上结痂，多见于皮肤型鸡痘（图2-63）；脐部愈合差，发黑，腹部较硬，多见沙门氏菌、大肠杆菌、葡萄球菌、绿脓杆菌感染引起的脐炎；

图2-60　羽毛丰满整洁

图2-61　肛门周围羽毛被粪便污染

图2-62　鸡群炸毛

图2-63　皮肤型鸡痘

皮下形成气肿，严重时像吹过的气球一样，临床多见于外伤引起的气囊破裂进入皮下。

脚垫溃疡主要发生在肉鸡上。在刚孵出的前14天，雏鸡脚部皮肤很薄，之后就会起茧。潮湿鸡舍中的尿酸和氨气影响皮肤，使脚垫出现裂纹和炎症。

图2-64 脚垫平滑

鸡长大后，潮湿的垫料也会引起脚垫的严重发炎。但是如果在刚孵出的几周内触及的垫料是干燥和清洁的，即使之后垫料潮湿，鸡脚垫出现发炎的可能性也降低。在笼养系统中，特别是在新的鸡笼中，锋利的铁丝会导致脚垫溃疡。

图2-65 脚垫上有结痂

健康的脚垫应该是平滑的，有光泽的鱼鳞状（图2-64）。观察脚垫，脚垫上出现红肿或有伤疤和结痂（图2-65），是垫料太潮湿和有尖锐物的结果。如果鳞片干燥，说明有脱水问题。脚垫和脚趾应无外伤。

生长期，肉鸡的胸肉发育不

图2-66 检查龙骨的丰满程度

完全，摸上去很有骨感，甚至龙骨非常突出。但是到了育肥期以后胸肉快速发育，变得丰满起来，同时腹部开始发育（图2-66）。

如果育肥期龙骨上附着的鸡肉仍不够丰满，意味着饲料中蛋白质不足，要注意调整饲料。

个体观察过程中，如果发现鸡群中有鸡发出不正常的声音，要观察这些鸡是否有流鼻涕，喉咙中是否有黏液（图

图2-67 观察喉咙中是否有黏液

2-67），或是有其他炎症发生的现象。

腹部容积变小，临床多是家禽采食量下降和产蛋鸡的停产引起的；腹部容积变大，若蛋鸡腹部较大（图2-68），

图2-68 腹水

走路像企鹅，用手触摸有波动感，多见早期感染传染性支气管炎、衣原体引起的输卵管不可逆病变，导致大量的蛋黄或水在输卵管内或腹腔内聚集；若雏鸡腹部较大，用手触摸较硬，临床多是由大肠杆菌、沙门氏菌或早期温度过低引起卵黄吸收差所致。

（三）鸡只的运动检查

运动失调是由神经系统（大脑和神经）或是骨骼肌系统（肌肉、骨头、关节）出现问题而引起，从而导致鸡跛行、歪脖和强迫运动等。例如，禽类脑脊髓炎、维生素E缺乏、马立克氏病、禽流感、新城疫或是细菌性脑膜炎（经常是在孵化期感染），神经型

图 2-69　这只鸡一只脚跛行，是不对称性
跛行

马立克氏病主要感染 6 周龄的白壳蛋鸡。

1. 跛行（图 2-69）

跛行是临床最常见的一种运动异常，临床表现为腿软、瘫痪、喜卧地等。

注意观察，是一条腿跛行还是两条腿跛行？观察跛行的鸡是对称性跛行还是不对称性跛行。不对称性跛行可能是因脚损伤关节发炎，或者是感染马立克氏病引起。对称性跛行可能是由呼肠孤病毒诱导的腱鞘炎或骨痛引起。

如果一群青年鸡中的所有鸡都是同一只脚跛行，且这群鸡已经免疫过马立克氏病的疫苗，这时的跛行可能是由免疫不当造成的。

运动失调是由呼肠孤病毒感染而诱导的腱鞘炎引起。

2. 劈叉

青年鸡一腿伸向前，一腿伸向后，形成劈叉姿势或两翅下垂，多见神经型马立克氏病（图 2-70）。

3. 扭头

病鸡头部扭曲，在受惊吓后表现更为明显，临床多见新城

图 2-70　神经型马立克氏病病鸡劈叉姿势

疫后遗症（图2-71、图2-72）。

4. 偏瘫

小鸡偏瘫在一侧，两肢后伸，头部出现振颤，多见于禽脑脊髓炎（图2-73、图2-74）。

图2-71　雏鸡新城疫导致的扭颈

图2-73　禽脑脊髓炎

图2-72　成鸡新城疫导致的扭颈

图2-74　禽脑脊髓炎

5. 犬坐姿势

禽类呼吸困难时往往呈犬坐姿势，头部高抬，张口呼吸，跖部着地。小鸡多见于曲霉菌感染、肺型白痢，成鸡多见于喉气管炎、白喉型鸡痘（图2-75）等。

图2-75 白喉型鸡痘病鸡常呈犬坐姿势

鸡病的种类很多，同一种疾病的症状也可能不完全相同。另外，疾病也分急性和慢性，这就给鸡病的诊断带来了一定困难。因此必须做好鸡群的观察，仔细掌握鸡只群体和个体的表现，再结合病理解剖的综合分析，才能为疾病的诊断做出正确的判断。

（四）消化系统检查

除了粪便异常外，消化道疾病还包括其他症状，如蜷缩、羽毛蓬乱、昏睡和死亡。患有消化道疾病的鸡无法摄取足够的能量，因此需要温暖的环境，此时需要提高鸡舍温度。慢性消化道疾病可以导致鸡蛋白质、维生素、矿物质和微量元素的缺乏。

第三节　鸡尸体剖检技术

尽管认真仔细的观察可提供大量信息，但是，有必要进行进一步的检测以保证不会误诊，进一步的检测包括兽医剖检和实验室检测。

兽医剖检病鸡：养鸡场最好设置专用的剖检室。在没有剖检室的情况下，也可以在养殖场内比较隐蔽的地方进行。

实验室检测：细菌培养、病毒培养、血液检测、组织和寄生虫检测等。

在鸡场附近建设一个好的、可靠的实验室很有必要。

一、剖检准备

1. 剖检地点

养鸡场应建立尸体剖检室（图 2-76）。

图 2-76　尸体剖检室

养鸡场无尸体剖检室的情况下，尸体剖检应选择在比较偏僻的地方（图2-77），尽可能远离生产区、生活区、公路、水源，以免剖检后尸体的粪便、血污、内脏、杂物等污染水源、河流或由于人来车往等散播病原，招致疫病散播。

2. 剖检用具

对于鸡的尸体剖检，一般情况下，有剪子（图2-78）、镊子即可工作。根据需要还可准备骨剪、手术刀、标本缸、广口瓶、福尔马林等，其他的如工作服、胶靴、围裙、橡胶手套、肥皂、毛巾、水桶、脸盆、消毒剂等，根据条件准备。

图2-77　尸体剖检应选择在较偏僻的地方

图2-78　解剖剪子

二、尸体剖检的方法

鸡的尸体剖检方法包括了解死鸡的一般状况、外部检查和内部检查。

（一）了解死鸡的一般状况

除知道鸡的品种、性别和日龄外，还要了解鸡群的饲养管理、饲料、产蛋、免疫。用药发病经过，临床表现及死亡等情况。

（二）外部检查

查看全身羽毛的状况，是否有光泽，有无污染、蓬乱、脱毛等现象（图2-79）。

查看泄殖腔周围的羽毛有无粪便沾污，有无脱肛、血便（图2-80）。

查看营养状况和尸体变化（尸冷、尸僵、尸体腐败），皮肤有无肿胀和外伤。因肾型传染性支气管炎死亡的鸡，尸体消瘦，脱水（图2-81）。

图2-79　查看全身羽毛

查看关节及脚趾有无肿胀或其他异常，骨骼有无增粗和骨折。这是因病毒性关节炎导致的跗关节肿胀（图2-82、图2-83）。

图2-80　查看泄殖腔周围的羽毛

图2-81　因肾型传染性支气管炎死亡的鸡，尸体消瘦，脱水

图2-82　查看脚趾

图2-83　查看关节

查看冠和髯的颜色、厚度，有无痘疹，脸部和颜色及有无肿胀。这是因鸡痘导致的冠、髯长满痘疮（图 2-84、图 2-85）。

图 2-86 至图 2-89 是查看口腔和鼻腔有无分泌物及其性状，两眼的分泌物及虹彩的颜色。

图 2-84　查看冠

图 2-85　查看髯

图 2-86　查看口腔和鼻腔（一）

图 2-87　查看口腔和鼻腔（二）

图 2-88　查看口腔和鼻腔（三）

图 2-89　查看口腔和鼻腔（四）

最后，触摸腹部是否变软或有积液（图 2-90、图 2-91）。

图 2-90　触摸腹部（一）　　　　　图 2-91　触摸腹部（二）

（三）内部剖检

剖检前，最好用水或消毒液将尸体表面及羽毛浸湿，防止剖检时有绒毛和尘埃飞扬（图 2-92）。

1. 皮下检查

尸体仰卧（即背位），用力掰开两腿，使髋关节

图 2-92　剖检前用水或消毒液浸泡尸体

图 2-93　固定尸体

脱位，使鸡的尸体固定（图 2-93）。

手术剪剪开腿腹之间的皮肤，两腿向后反压，直至关节轮和腿肌暴露出来，观察腿肌是否有出血等现象（图 2-94、图 2-95）。

图 2-94　暴露关节轮和腿肌　　　　图 2-95　观察腿肌是否出血

　　在胸骨嵴部纵行切开皮肤，然后向前、后延伸，剪开颈、胸、腹部皮肤，剥离皮肤、暴露颈、胸、腹部和腿部肌肉，观察皮下脂肪含量，皮下血管状况，有无出血和水肿（图 2-96）；观察胸肌的丰满程度、颜色，胸部和腿部肌肉有无出血和坏死，观察龙骨是否弯曲和变形（图 2-97）。

图 2-96　在胸骨嵴部纵行切开皮肤　　图 2-97　观察胸肌、腿肌、龙骨

　　检查颈椎两侧的胸腺大小及颜色，有无出血和坏死（图 2-98）；检查嗉囊是否充盈食物，内容物的数量及性状（图 2-99）。

　　2. 内脏检查

　　在后腹部，将腹壁横行切开（或剪开），顺切口的两侧分别向

图 2-98　检查胸腺

图 2-99　检查嗉囊

前剪断胸肋骨，乌喙骨和锁骨，掀除胸骨、暴露体腔（图 2-100）。注意观察各脏器的位置、颜色，浆膜的情况（是否光滑、有无渗出物及性状，血管分布状况），体腔内有无液体及其性状，各脏器之间有无粘连（图 2-101）。

图 2-100　横行剪开腹壁

图 2-101　观察各脏器情况

　　检查胸、腹气囊是否增厚、混浊、有无渗出物及其性状，气囊内有无干酪样团块，团块上无霉菌菌丝（图 2-102）。

　　检查肝脏大小、颜色、质度、边缘是否钝，形状有无异常，表面有无出血点，出血斑，坏死点或大小不等的圆形坏死灶（图2-103）。

图2-102 检查胸腹气囊

图2-103 检查肝脏

在肝门处剪断血管。再剪断胆管、肝与心包囊、气囊之间的联系，取出肝脏。纵行切开肝脏，检查肝脏切面及血管情况，肝脏有无变性，坏死点及肿瘤结节。检查胆囊大小，胆汁的多少、颜色、黏稠度及胆囊黏膜的状况（图2-104）。

在腺胃和肌胃交界处的右方，找到脾脏。

图2-104 检查胆囊

检查脾脏的大小，颜色，表面有无出血点和坏死点，有无肿瘤结节；剪断脾动脉取出脾脏，将其切开，检查淋巴滤泡及脾髓状况（图2-105、图2-106）。

在心脏的后方剪断食道，向后牵拉腺胃，剪断肌胃与其背部的

图 2-105　检查脾脏（一）

图 2-106　检查脾脏（二）

联系，再顺序地剪断肠道与肠系膜的联系，在泄殖腔的前端剪断直肠，取出腺胃、肌胃和肠道。检查肠系膜是否光滑，有无肿瘤结节（图 2-107、图 2-108）。

图 2-107　剪断食道

图 2-108　取出腺胃、肌胃和肠道

剪开腺胃、检查内容物的性状，黏膜及腺乳头有无充血和出血，胃壁是否增厚，有无肿瘤（图 2-109）。

观察肌胃浆膜上有无出血，肌胃的硬度，然后从大弯部切开，检查内容

图 2-109　剪开腺胃

物及角质膜的情况（图2-110）。

撕去角质膜（图2-111），检查角质膜下的情况，看有无出血和溃疡（图2-112）。

查看夹在十二指肠中间的胰腺的色

图2-110　从大弯部切开腺胃

图2-111　撕去角质膜

图2-112　检查角质膜下情况

泽，有无坏死、出血（图2-113）。温和型禽流感可出现胰腺表面灰白色坏死点，胰腺边缘出血（图2-114）。

图2-113　检查胰腺

图2-114　胰腺表面现灰白色坏死点，边缘出血

从前向后，检查小肠、盲肠和直肠，观察各段肠管有无充气和扩张，浆膜血管是否明显，浆膜上有无出血、结节或肿瘤。然后沿肠系膜附着部纵行剪开肠道，检查各段肠内容物的性状，黏膜有无出血和溃疡，肠壁是否增厚，肠壁上的淋巴集结和盲肠起始部的盲肠扁桃体是否肿胀，有无出血、坏死，盲肠腔中有无出血或土黄色干酪样的栓塞物，横向切开栓塞物，观察其断面情况（图2-115至图2-120）。

图2-115　小肠切开

图2-116　小肠切开

图2-117　空肠切开检查

图2-118　直肠检查

图2-119 空肠切开检查

图2-120 盲肠切开检查

查看肠腔内有无寄生虫寄生（图2-121、图2-122）。

图2-121 肠腔内的线虫

图2-122 肠腔内的绦虫

将直肠从泄殖腔拉出，在其背侧可看到法氏囊，剪去与其相连的组织，摘取法氏囊（图2-123）。检查法氏囊的大小，观察其表面有无出血，然后剪开法氏囊检查黏膜是否肿胀，有无出血，皱襞是否明显，有无渗

图2-123 法氏囊肿大出血

出物及其性状（图2-124）。

纵行剪开心包囊，检查心囊液的性状，心包膜是否增厚和混浊（图2-125）；观察心脏外形，纵轴和横轴的比例，心外膜是否光滑，有无出血，渗出物，尿酸盐沉积，结节和肿瘤，随后将进出心脏的动、静脉剪断，

图2-124　法氏囊肿大，剪开外翻，黄色
胶冻样渗出

取出心脏，检查心冠脂肪有无出血点，心肌有无出血和坏死点（图2-126）。

图2-125　剪开心包囊

图2-126　检查心脏

剖开左右两心室，注意心肌断面的颜色和质度，观察心内膜有无出血（图2-127）。

从肋骨间挖出肺脏，检查肺脏的颜色和质度，有无出血、水肿、炎症、实变、坏死、结节和肿瘤（图2-128、图2-129）。

图2-127　剖开左右两心室

图2-128　从肋骨间挖出肺脏

图2-129　检查肺脏

由禽流感引起的肺脏瘀血、水肿、发黑（图2-130）。

切开肺脏，观察切面上支气管及肺泡囊的性状（图2-131、图2-132）。

检查肾脏的颜色、质度、有无出血和花斑状条纹、肾脏和输尿管有无尿酸盐沉积及其含量。因肾型传染性支

图2-130　禽流感引起的肺脏瘀血、水肿、发黑

图2-131　切开肺脏（一）

图2-132　切开肺脏（二）

气管炎导致的鸡的肾脏肿大，花斑肾，输尿管内大量尿酸盐沉积（图2-133、图2-134）。

图2-133　检查肾脏

图2-134　肾脏肿大，花斑肾

　　检查睾丸的大小和颜色，观察有无出血、肿瘤、两者是否一致（图2-135）。

　　检查卵巢发育情况，卵泡大小、颜色和形态，有无萎缩、坏死和出血，卵巢是否发生肿瘤，剪开输卵管，检查黏膜情况，有无出血及涌出物（图2-136）。

图2-135　检查睾丸

图2-137是禽流感导致的母鸡卵泡出血，呈紫黑色。

图2-136　检查卵巢

图2-137　禽流感所致的卵泡出血，呈黑紫色

3. 口腔及颈部器官的检查

在两鼻孔上方横向剪断鼻腔，检查鼻腔和鼻甲骨，压挤两侧鼻孔，观察鼻腔分泌物及其性状（图 2-138）。

图 2-138 检查鼻腔和鼻甲骨

剪开一侧口角，观察后鼻孔、腭裂及喉头，黏膜有无出血，有无伪膜，痘斑，有无分泌物堵塞（图 2-139）。

图 2-139 检查后鼻孔、腭裂及喉头

剪开喉头、气管和食道，检查黏膜的颜色，有无充血和出血，有无伪膜和痘斑，管腔内有无渗出物，黏液及渗出物的性状（图2-140）。

图 2-140　检查黏膜

4. 脑部检查

切开顶部皮肤，剥离皮肤，露出颅骨，用剪刀在两侧眼眶后缘之间剪断额骨，再从两侧剪开顶骨至枕骨大孔，掀去脑盖，暴露大脑、丘脑及小脑（图 2-141）。观察脑膜有无充血、出血、脑组织是否软化等（图 2-142）。

图 2-141　掀支脑盖

图 2-142　观察脑膜

第四节 鸡大肠杆菌药敏试验

由于长期使用抗生素，使耐药菌株越来越多，抗生素防治的难度越来越大。为了及时有效控制疾病，须对致病菌进行药敏试验，以便选用高敏感药物，避免盲目滥用抗生素。

（一）药敏纸片的准备

可以使用生化用品厂家提供的药敏纸片（图2-143），也可以按有关资料介绍的方法进行自制。

（二）所用培养基的制备

按使用说明用普通营养琼脂粉制作普通营养琼脂平板（图2-144）。

（三）试验方法

对病死鸡进行剖检，发现有肝周炎、心包炎、气囊炎等符合大

图2-143 药敏纸片

图2-144 营养琼脂平板

肠杆菌病典型病变特征的病例，即可无菌采取肝、脾、心等置灭菌容器内备用。采集病料时要注意采取多份典型病料。用灭菌接种环多次取病料内部组织，反复划线接种于营养琼脂平板。如病料较多时，每一个平板可重复接种 2~3 份病料。划线时要纵横交错划满整个平皿，并特别注意不要划破培养基。接种完后用灭菌镊子夹取药敏试纸小心贴附在培养基上，各纸片应相距 15 毫米左右。置37℃恒温箱培养 24 小时后观察结果。

（四）结果判定

药敏纸片周围 20 毫米如无细菌生长，说明试验菌株对该抗生素极敏，15~20 毫米为高敏，10~15 毫米为中敏，小于 10 毫米为低敏，无抑菌圈为不敏感。如一个平皿接种多份病料，长出的细菌可能不止一种细菌、一种菌株，对药物的敏感性可能不一致，如有的纸片周围抑菌圈内有较稀疏的菌落生长，说明该抗生素对某些菌株不敏感（图 2-145）。

图 2-145 药敏试验结果

药敏试验结果出来后，可选用对各菌株普遍敏感的抗生素对发病鸡群进行及时治疗，以便尽快控制病情。如需做进一步研究，可继续对分离出的细菌进行详细实验室诊断，以便确定是何种细菌、细菌菌型、致病性等。

第三章

常见病毒病

第一节　新城疫

一、发病情况

新城疫是由新城疫病毒引起的一种急性、烈性、高度接触性传染病。发病后的鸡，主要表现呼吸困难、下痢，并伴有神经症状。

本病主要侵害鸡和火鸡，其他禽类和野禽也能感染。病鸡和带毒鸡是主要传染源，不分年龄、品种、性别均可发病。

本病一年四季均可发生，但以春、秋、冬季多发。鸡舍通风不良氨气浓度高，温度控制不好忽高忽低，饲养密度过大，更容易发生本病并流行。

鸡新城疫在一个鸡群流行时，刚开始多数鸡处于潜伏期中。以后的4~6天内，病死率会呈直线上升，且多表现为急性型。

目前，由于疫苗的作用，我国规模化肉鸡场多表现为非典型性，呈散发，并以混合感染出现。病鸡群出现亚临床症状或非典型症状，主要表现为呼吸道症状和神经症状。

二、临床症状

（1）全身症状　精神沉郁，体温升高，闭眼似睡，翅膀下垂，羽毛逆立（炸毛），缩颈呆立，反应迟钝（图3-1至图3-4）。

图3-1　病鸡精神委顿、炸毛

图3-2　病鸡眼睛半闭半睁

图3-3　病鸡被毛逆立

图3-4　病鸡缩颈呆立

（2）呼吸系统症状 呼吸困难，有呼噜声，张口、伸颈喘气，咳嗽，甩鼻，喷嚏，怪叫，气管啰音（图3-5、图3-6）。

图3-5 病鸡张口伸颈呼吸（一）

图3-6 病鸡张口伸颈呼吸（二）

（3）神经系统症状 扭颈、仰颈，勾头，常呈仰头观星状姿势，翅膀下垂，跛行甚至瘫痪（图3-7至图3-10）。

图3-7 病鸡扭颈（一）

图3-8 病鸡扭颈(二)

图3-9 病鸡扭颈、仰颈死去

图3-10 病鸡观星状姿势

（4）消化系统症状 食欲减退甚至废绝，先少饮后减少或不饮，倒提病死鸡，可从口中流出酸臭液体（图3-11）。拉稀，排黄绿色稀粪，玷污肛门或羽毛（图3-12、图3-13）。

三、病理变化

嗉囊积液；腺胃肿大，腺胃乳

图3-11 病鸡口中流出酸臭液体

图3-12 病鸡绿色稀粪玷污肛门

图3-13 病鸡排出黄绿色稀粪

头肿胀、出血、溃疡；腺胃与食道，腺胃与肌胃交界处出血和溃疡（图3-14至图3-17）。

图3-14 腺胃乳头出血

图3-15 腺胃乳头、肌胃腺胃交界处出血

图3-16 腺胃乳头肿胀、出血

图3-17 腺胃乳头肿胀、部分乳头出血

十二指肠及小肠黏膜有出血和溃疡，肠道腺体肿大出血，有的形成枣核状坏死；泄殖腔黏膜出血；盲肠扁桃体肿胀、出血和溃疡，极易导致腹膜炎（图3-18至图3-27）。

图3-18　小肠黏膜出血

图3-19　泄殖腔黏膜出血

图3-20　强毒新城疫引起的十二指肠"U"祥出血

图3-21　小肠淋巴滤泡肿胀出血（一）

图3-22　小肠淋巴滤泡肿胀出血（二）

图3-23　小肠淋巴滤泡肿胀出血（三）

图 3-24　小肠淋巴滤泡肿胀
出血（四）

图 3-25　小肠淋巴滤泡多处
肿胀出血（五）

图 3-26　盲肠扁桃体肿大、出血

图 3-27　腹膜炎

图 3-28　气管出血

喉头、气管、支气管上段黏膜充血、水肿出血，气管内有黏液，根据病程长短可出现浆液性、黏液性、脓性、干酪样分泌物（图 3-28、图 3-29）。

四、防控措施

（一）预防

要坚持预防为主的原则。

① 做好消毒灭源工作，切断病毒入侵途径。

② 对病鸡实施隔离措施。

图 3-29　气管出血，有黄色干酪样物

③ 制订科学的免疫程序。下列免疫程序可供参考：

对于雏鸡应视其母源抗体水平高低来确定首免日龄，一般应在母源抗体水平低于 1:16 时进行首免，确定二免、三免日龄时也应在鸡群 HI 抗体效价衰减到 1:16 时进行才能获得满意的效果。

在一般的疫区，可以采用下列免疫程序：7 日龄用新城疫Ⅳ系 +H120 点眼、滴鼻，每只 1 羽份，同时注射新支二联油苗每只 1 羽份；23 日龄用新城疫Ⅳ系或克隆 30 三倍量饮水；33 日龄用克隆 30 或Ⅳ系 4 倍量饮水。

在新城疫污染严重的地区，1 日龄用新城疫传染性支气管炎二联弱毒疫苗喷雾或滴鼻、点眼；8~10 日龄用新城疫弱毒疫苗饮水，新城疫油苗规定剂量颈部皮下注射；14 日龄用法氏囊弱毒疫苗饮水；20~25 日龄新城疫弱毒疫苗饮水。

（二）治疗

做到早发现、早确诊、早采取有效措施治疗。

① 快速确诊。非典型性新城疫，仅凭临床症状难以确诊。对疑似发病鸡群应尽早根据临床症状、流行病理特点、解剖病变和采用实验室诊断方法确诊。

② 紧急免疫接种。对 30 日龄内肉鸡，用鸡新城疫Ⅳ系疫苗或克隆 –30 进行紧急免疫接种，最好采用点眼、滴鼻免疫。紧急接种时，首先接种假定健康鸡群，再接种可疑鸡群，最后接种病鸡群。

③ 30 日龄后的肉鸡群，可考虑出栏。

④ 标本兼治，控制病情。大多数鸡发病时，肌内注射高免蛋黄液（同时加入抗菌药物），注射抗病毒药物；也可用干扰素治疗；聚肌胞、黄芪多糖、白介素、清热解毒中药等，对本病有一定控制作用。使用抗生素、解热镇痛、止咳化痰平喘药、糖皮质激素类、维生素等药物，可防止继发感染。

第二节　低致病性禽流感

一、发病情况

禽流感是由 A 型流感病毒引起的禽类的一种急性、热性、高度接触性传染病。临床症状复杂，对肉鸡生产危害大，且人禽共患，被世界动物卫生组织列入 A 类传染病，我国将此病列入一类传染病。

禽流感病毒属于正黏病毒科流感病毒属的成员，有 A、B、C 3 个血清型，禽流感病毒属于 A 型。根据流感病毒的血凝素（HA）和神经氨酸酶（NA）抗原的差异，将其分为不同的亚型。目前，A 型流感病毒的血凝素已发现 15 种（以 H1~H15 表示），神经氨酸酶 9 种（以 N1~N9 表示），所有的禽流感病毒都是 A 型。临床最常见的是 H5N1、H9N2 亚型。

该病感染率高，传播范围广，速度快。一年四季均会发病，但在每年的 10 月到次年 5 月多发。肉鸡多在 25 日龄前后发病。气候突变、冷刺激，饲料中营养物质缺乏均能促进本病发生。主要通过呼吸道和消化道感染，发病率和死亡率与毒力有关。

二、临床症状

低致病性禽流感因地域、季节、品种、日龄、病毒的毒力不同而表现出症状不同、轻重不一的临床变化。

① 精神不振，或闭眼沉郁，体温升高，发烧严重鸡将头插入翅内或双腿之间，反应迟钝（图 3-30）。

图 3-30 病鸡精神沉郁，厌食扎堆

② 拉黄白色带有大量泡沫的稀便或黄绿色粪便（图 3-31），有时肛门处被淡绿色或白色粪便污染。

③ 呼吸困难（图 3-32），打呼噜，呼噜声如蛙鸣叫，此起彼伏或遍布整个鸡群，有的鸡发出尖叫声，甩鼻，流泪，肿眼或肿头，肿头严

图 3-31 病鸡排出带有大量黏液的黄绿色粪便

重鸡如猫头鹰状，下颌肿胀（图 3-33）。

图 3-32 病鸡呼吸困难

图 3-33 弱毒流感，病鸡下颌肿胀、发硬

④ 鸡冠和肉髯发绀、肿胀，鸡脸无毛部位发紫；病鸡或死鸡全身皮肤发紫或发红（图3-34、图3-35）。

图3-34　病死鸡头部肿胀，鸡冠、
　　　　肉髯发紫

图3-35　病死鸡全身发紫

⑤ 继发大肠杆菌、气囊炎后，造成较高的致死率（图3-36）。

图3-36　继发大肠杆菌后大批死亡，病死鸡鸡冠发绀

三、病理变化

① 胫部鳞片出血（图3-37、图3-38）。
② 肺脏坏死，气管栓塞，气囊炎（图3-39至图3-45）。

图 3-37 胫部鳞片下出血（一）

图 3-38 胫部鳞片下出血（二）

图 3-39 肺脏瘀血坏死

图 3-40 肺脏瘀血水肿

图 3-41 气管环状出血

图 3-42 气管内黏液性渗出物

图 3-43 气管内黄色栓塞物

图 3-44 气管内黄色干酪样物

图3-45 气囊浑浊，有黄色干酪样物

③ 肾脏肿大，紫红色，花斑样（图3-46）。

④ 皮下出血。病鸡头部皮下胶冻样浸润，剖检呈胶冻样（图3-47）；颈部皮下、大腿内侧皮下、腹部皮下脂肪等处，常见针尖状或点状出血（图3-48）。

图3-46 肾脏充血、肿胀，花斑肾

图3-47 头部皮下胶冻样

图3-48 腹部皮下脂肪针尖状出血

⑤ 腺胃肌胃出血；腺胃肿胀，腺胃乳头水肿、出血，肌胃角质层易剥离，角质层下往往有出血斑；肌胃与腺胃交界处常呈带状或

环状出血（图3-49、图3-50）。

⑥ 心肌变性，心内、外膜出血；心冠脂肪出血（图3-51至图3-54）。

图3-49　腺胃乳头出血

图3-50　腺胃乳头水肿

图3-51　心肌变性、坏死

图3-52　心内膜出血

图3-53　心外膜出血

图3-54　心冠脂肪出血

⑦ 肠臌气，肠壁变薄，肠黏膜脱落（图 3–55）。

⑧ 胰脏边缘出血或坏死，有时肿胀呈链条状（图 3–56 至图 3–60）。

图 3–55　肠黏膜脱落

图 3–56　胰腺出血样坏死

图 3–57　胰腺灰白色点状坏死

图 3–58　胰腺透明状坏死

图 3–59　胰腺边缘出血

图 3–60　胰腺灰白色坏死

⑨ 脾脏肿大，有灰白色的坏死灶（图3-61、图3-62）。

⑩ 胸腺萎缩，出血（图3-63）。

⑪ 继发肝周炎、气囊炎、心包炎（图3-64）。

图 3-61　脾脏肿大，有灰白色坏死灶

图 3-62　脾脏肿大坏死

图 3-63　胸腺萎缩、出血

图 3-64　禽流感继发心包炎、肝周炎

四、防控措施

（一）快速处理

① 冬春季节严格执行疾病零汇报制度，一旦发现有支气管堵塞现象，要立即上报。

② 要具备 H9 的完善实验室诊断能力。要配备 H9 病原分离、鉴定专业人员及相关实验条件，及时收集病料。有条件的单位可第一时间将病料或分离毒株进行测序鉴定，并进行分子流行病学分析。

③ 入冬前要储备防疫物资，如蛋黄液（卵黄囊抗体）、相应疫苗等。

（二）肉鸡 H9 的主要防控措施

① 使用当地毒株免疫。新区域发生首例 H9 要坚决扑杀，扩散后可不必扑杀。同时增加 1~3 日龄 H9 的免疫 0.2 毫升 / 只（当地毒株）。在多发日龄前，连用 5 天抗病毒药物。鸡发病后可注射 0.5 毫升 / 只 H9 抗体加抗生素。

免疫要根据不同品种、不同地区的流行趋势，使用相应亚单位分支的单价或多价疫苗，可获得较好的防控效果。冬季肉鸡免疫程序如下，供参考。

1 日龄	HVT /IBD	1 头份	颈部皮下注射
	ND/IB	1 头份	喷雾
	H9/ND	0.2 毫升	（浓缩苗）颈部皮下注射
9 日龄	H5/H9/ND	0.5 毫升	颈部皮下注射（非疫区 H5 可省去）
	ND/IB	1 头份	点眼或喷雾
24 日龄	lasota	2 头份	饮水或喷雾

② 保护呼吸道黏膜，建立屏障，使用蜂胶感清喷雾。

③ 保护消化道，清除霉菌毒素。

④ 减少免疫空白期的危害，肉鸡 25~30 日龄是免疫空白期。

⑤ 加强通风，不容忽视保温。

第三节　传染性支气管炎

一、发病情况

肉鸡传染性支气管炎是由冠状病毒引起的肉鸡的一种急性、高度接触性呼吸道疾病。

传染性支气管炎病毒为冠状病毒科冠状病毒属成员。传染源主要是病鸡和康复后带毒鸡，康复鸡可带毒 35 天，主要通过空气（飞沫）经呼吸道传播，也可通过污染的饲料、饮水和器具等间接地经消化道传播。

本病只感染鸡，不同年龄、品种鸡均易感。本病传播迅速，一旦感染，可很快传播全群。一年四季均可发病，但以每年的 3—5 月和 9—11 月为高发期。环境因素不良对本病影响大。

因病毒血清型不同，肉鸡传染性支气管炎多见肾型、呼吸型、腺胃型。

二、临床特征与防控措施

（一）肾型传染性支气管炎

1.临床症状

① 多发于 2~4 周龄鸡。精神沉郁，羽毛不整，畏寒怕冷（图 3-65）。

② 仰颈呼吸（图 3-66）。

③ 病鸡下痢，排白色稀粪，如石灰水样（图 3-67）。

④ 腿部干燥、无光泽、脚爪干瘪、脱水（图 3-68）。

图 3-65　精神沉郁，羽毛不整

图 3-66　伸颈呼吸

图 3-67　病鸡水样下痢，有大量尿
　　　　　酸盐

图 3-68　腿部干燥无光，脚爪干瘪，
　　　　　趴卧

2. 病理变化

① 肌肉脱水、干瘪，弹性差（图 3-69、图 3-70）。

图 3-69　腿部肌肉干瘪，花斑肾

图 3-70　胸肌脱水，干瘪，弹性降低

② 肾肿，色泽不均，有白色尿酸盐沉积，形似花斑肾，输尿管内积大量尿酸盐结晶（图3-71 至图3-73）。

3. 防控措施

（1）预防　加强饲养管理，严格消毒，加强通风。用28/86弱毒苗饮水或肾支油苗注射。

图3-71　肾肿，花斑肾

图3-72　输尿管内有大量尿酸盐

图3-73　肾肿，花斑肾，输尿管内有大量尿酸盐

（2）治疗

① 降低饲料蛋白质水平，可临时把颗粒全价料改为玉米糁，并补充维生素A。

② 减少尿酸盐生成，加速排出，可在饮水中加入嘌呤醇、丙磺舒或碳酸氢钠等。

③ 抗病毒，用干扰素或抗病毒中药饮水。

（二）呼吸型传染性支气管炎

1. 临床症状

① 传播快。因潜伏期短（36小时），并通过飞沫感染，一般

1~3 天波及全群。

② 病鸡流鼻液、流泪、咳嗽、打喷嚏、呼吸困难、常伸颈张口喘气（图 3-74）。发病轻时白天难以听到，夜间安静时，可以听到伴随呼吸发出的喘鸣声。

图 3-74 张口伸颈呼吸

2. 病理变化

① 鼻腔和鼻窦内有浆液性、卡他性渗出物或干酪样物质，气管和支气管内有浆液性或纤维素性团块。

② 气囊浑浊，并覆有一层黄白色干酪样物（图 3-75）。

③ 气管环出血，气管和支气管交叉处的管腔内充满白色或黄白色的栓塞物（图 3-76）。肺脏水肿或出血（图 3-77、图 3-78）。

图 3-75 气囊浑浊，并覆有一层黄白色干酪样物

图 3-76 气管环出血，气管和支气管交叉处的管腔内充满黄白色的栓塞物

图 3-77 气管内黄色栓塞

图 3-78 肺水肿、出血，气囊浑浊

（三）腺胃型传染性支气管炎

1. 临床症状

① 病鸡采食量下降，精神差，羽毛蓬乱，呆立。

② 病鸡高度消瘦，发育、整齐度差。

③ 拉白绿色稀粪。

2. 病理变化

① 腺胃肿大，质地坚硬（图3-79）。

② 腺胃壁增厚，剪开往往外翻。腺胃乳头肿大、突起，中间凹陷，周边出血，轻压有大量褐色分泌物（图3-80）。

图3-79 腺胃肿大、坚硬　　　　图3-80 腺胃壁增厚，剪开后往往
　　　　　　　　　　　　　　　　外翻；腺胃乳头肿大、突起

3. 防控措施

（1）预防　用腺胃传染性支气管炎油苗注射，加强饲养管理，严防使用霉变饲料。

（2）治疗　抑制病毒复制，健胃消炎；干扰素、抗病毒中药饮水，健胃散拌料；个别鸡用鸡用的酵母片、食母生等拌料或使用人用治疗胃病的药物，如西咪替丁等治疗。

第四节　传染性法氏囊炎

肉鸡传染性法氏囊炎是由传染性法氏囊病毒引起的主要危害幼龄鸡的一种急性、接触性、免疫抑制性传染病，除可引起易感鸡死亡外，早期感染还可引起严重的免疫抑制。

一、发病情况

该病主要发生于2~11周龄鸡，3~6周龄最易感。感染率可达100%，死亡率常因发病年龄、有无继发感染而有较大变化，多在5%~40%。因传染性法氏囊病毒对一般消毒药和外界环境抵抗力强大，污染鸡场难以净化，有时同一鸡群可反复多次感染。

目前，本病流行发生了许多变化，主要表现在以下几点。

① 发病日龄明显变宽，病程延长。

② 目前临床可见传染性法氏囊炎最早可发生于1日龄幼雏。

③ 宿主群拓宽。鸭、鹅、麻雀均成为传染性法氏囊病毒的自然宿主，而且鸭表现出明显的临床症状。

④ 免疫鸡群仍然发病。该病免疫失败越来越常见，而且在我国肉鸡养殖密集区出现一种鸡群在21~27日龄进行过法氏囊疫苗二免后几天内暴发法氏囊病的现象。

⑤ 出现变异毒株和超强毒株。临床和剖检症状与经典毒株存在差异，传统法氏囊疫苗不能提供足够的保护力。

⑥ 并发症、继发症明显增多，间接损失增大。在传染性法氏囊炎发病的同时，常见新城疫、支原体、大肠杆菌、曲霉菌等并发

感染，致使死亡率明显提高，高者可达 80% 以上，有的鸡群不得不全群淘汰。

二、临床症状

① 潜伏期 2~3 天，易感鸡群感染后突然大批发病，采食量急剧下降，翅膀下垂，羽毛蓬乱，怕冷，在热源处扎堆（图 3-81）。

② 饮水增多，腹泻，排出米汤样稀白粪便或拉白色、黄色、绿色水样稀便（图 3-82），肛门周围羽毛被粪便污染（图 3-83），恢复期常排绿色粪便（图 3-84）。

③ 发病后期如继发鸡新城疫或大肠杆菌病，可使死亡率增高。

图 3-81　精神萎靡，羽毛蓬乱

图 3-82　排出米汤样稀白粪便

图 3-83　肛门周围羽毛被粪便污染

图 3-84　恢复期排出绿色稀薄粪便

三、病理变化

① 病死鸡脱水，皮下干燥，胸肌和两腿外侧肌肉条纹状或

刷状出血（图 3-85 至图 3-87 ）。

② 法氏囊黄色胶冻样渗出，囊浑浊，囊内皱褶出血，严重者呈紫葡萄样外观（图 3-88 至图 3-91 ）。

图 3-85　胸肌脱水干瘪，无光泽

图 3-86　腿部肌肉刷状出血

图 3-87　胸肌和两腿肌条纹状或刷状出血

图 3-88　法氏囊内部黄色胶冻样渗出物

图 3-89　法氏囊出血

图3-90 法氏囊肿大、出血，呈紫 图3-91 剖开的法氏囊皱褶出血
葡萄样

③ 肾脏肿胀，花斑肾，肾小管和输尿管有白色尿酸盐沉积（图3-92）。

图3-92 法氏囊出血肿大，肾脏肿胀，花斑肾，有尿酸盐沉积

四、防控措施

1. 对发病鸡群及早注射高免卵黄抗体

制作法氏囊卵黄抗体的抗原最好来自本鸡场，每只鸡肌内注射1毫升。板蓝根10克、连翘10克、黄芩10克、海金沙8克、诃

子 5 克、甘草 5 克，制成药剂，每只鸡 0.5~1 克拌料，连用 3~5 天。如能配合补肾、通肾的药物，可促进机体尽快恢复。使用敏感的抗生素，防止继发大肠杆菌病等细菌病。

2. 疫苗免疫是控制传染性法氏囊炎最经济最有效的措施

按照毒力大小，传染性法氏囊炎疫苗可分为 3 类：一是温和型疫苗，如 D78、LKT、LZD228、PBG98 等，这类苗对法氏囊基本无损害，但接种后抗体产生慢，抗体效价低，对强毒的传染性法氏囊炎感染保护力差；二是中等毒力的活苗，如 B87、BJ836、细胞苗 IBD-B2 等，这类疫苗在接种后对法氏囊有轻度损伤，接种 72 小时后可产生免疫活力，持续 10 天左右消失，不会造成免疫干扰，对强毒的保护力较高；三是中等偏强型疫苗，如 MB 株、J-I 株、2512 毒株、288E 等，对雏鸡有一定的致病力和免疫抑制力，在传染性法氏囊炎重污染地区可以使用。

肉鸡免疫一般采取 14 日龄法氏囊冻干苗滴口，28 日龄法氏囊冻干苗饮水。在容易发生法氏囊病的地区，14 日龄法氏囊的免疫最好采用进口疫苗，每只鸡 1 羽份滴口，或 2 羽份饮水。饲养 50~55 日龄出栏大肉食鸡的养殖户，如果 28 日龄还要免疫，可采用饮水法免疫，但用量要加倍。

3. 落实各项生物安全措施，严格消毒

进雏前，要对鸡舍、用具、设备进行彻底清扫、冲洗，然后使用碘制剂或甲醛高锰酸钾熏蒸消毒。进雏后坚持使用 1：600 倍的聚维酮碘溶液带鸡消毒，隔日一次。

第五节　鸡痘

鸡痘是由鸡痘病毒引起的一种接触性传染病，以体表无毛、少毛处皮肤出现痘疹或上呼吸道、口腔和食管黏膜的纤维素性坏死形成假膜为特征的一种接触性传染病。因影响肉鸡产品质量，所有食品企业拒收患病鸡，即便能勉强收购，售价也很低。

一、发病情况

各种年龄的鸡均可感染，但主要发生于幼鸡。主要通过皮肤或黏膜的伤口感染而发病，吸血昆虫，特别是蚊虫（库蚊、伊蚊和按蚊）吸血，在本病中起着传播病原的重要作用。

一年四季均可发生，但以秋季和冬季多见。秋季和初冬多见皮肤型，冬多见黏膜型。

蚊子吸取过病鸡的血液，之后即带毒长达10~30天，其间易感染的鸡就会通过蚊子的叮咬而感染；鸡群恶癖，啄毛，造成外伤，鸡群密度大，通风不良，鸡舍内阴暗潮湿，营养不良，均可成为本病的诱发因素。没有免疫鸡群或者免疫失败鸡群高发。

二、临床症状与病理变化

根据症状和病变以及病毒侵害鸡体部位的不同，分为皮肤型、黏膜型、混合型3种类型。开始以个体皮肤型出现，若发病缓慢不被养殖户重视，接着出现眼流泪，出现泡沫，个别出现鸡只呼吸困难，喉头出现黄色假膜，造成鸡只死亡现象。

（一）皮肤型鸡痘

特征是在鸡体表面无毛或少毛处，如鸡冠、肉垂、嘴角、眼睑、耳球和腿脚、泄殖腔和翅的内侧等部位形成一种特殊的痘疹（图3-93至图3-96）。痘疹开始为细小的灰白色小点，随后体积迅速增大，形成如豌豆大黄色或棕褐色的结节。

图3-93　鸡冠上的痘疹　　　　图3-94　鸡冠、肉髯、嘴角等处的痘疹

图3-95　皮肤型鸡痘在头部、喙角形成的痘斑　　　　图3-96　肉髯处形成的痘疹

一般无明显的全身症状，对鸡的精神、食欲无大影响。但感染严重的病例，体质衰弱者，则表现出精神萎靡、食欲不振、体重减轻、生长受阻现象。

皮肤型鸡痘一般很难见到明显的病理变化。

（二）黏膜型鸡痘

黏膜型鸡痘也称白喉型鸡痘。痘疮主要出现在口腔、咽喉、气管、眼结膜等处的黏膜上，痘痂堵塞喉头，往往使鸡窒息死亡（图3-97至图3-100）。

图3-97　喉头上出现痘斑堵塞喉头

图3-98　气管内形成痘疮

图3-99　喉头气管内的痘疮

图3-100　气管内形成的痘斑及黄色干酪样物

病鸡表现为精神委顿、厌食，眼和鼻孔流出液体。2~3天后，口腔和咽喉等处的黏膜发生痘疹，初呈圆形的黄色斑点，逐渐形成一层黄白色的假膜，覆盖在黏膜上面。吞咽和呼吸受到影响，发出

"嘎嘎"的声音，痂块脱落时破碎的小块痂皮掉进喉和气管，形成栓塞，呼吸困难，甚至窒息死亡。

（三）混合型鸡痘

病禽皮肤和口腔、咽喉同时受到侵害，发生痘斑。该病病情严重，死亡率高。

三、防控措施

（一）预防

预防鸡痘最有效的方法是接种鸡痘疫苗。夏秋流行季节，建议肉鸡养殖场户于 5~10 日龄接种鸡痘鹌鹑化弱毒冻干疫 200 倍稀释，摇匀后用消毒刺种针或笔尖蘸取，在鸡翅膀内侧无血管处进行皮下刺种，每只鸡刺种一下。刺种后 3~4 天，抽查 10% 的鸡作为样本，检查刺种部位，如果样本中有 80% 以上的鸡在刺种部位出现痘肿，说明刺种成功。否则应查找原因并及时补种。

经常消除鸡舍周围的杂草，填平臭水沟和污水池，并经常喷洒杀蚊蝇剂，消灭和减少蚊蝇等吸血昆虫危害，改善鸡群饲养环境。

（二）治疗

发病后，皮肤型鸡痘可以用镊子剥离痘痂，然后用碘甘油或龙胆紫涂抹。黏膜型可以用镊子小心剥掉假膜后喷入消炎药物，或用碘甘油或蛋白银溶液涂抹。眼内可用双氧水消毒后滴入氯霉素眼药水。

大群用中西药抗病毒、抗菌消炎，控制继发感染。饲料中添加维生素 A 有利于本病的恢复。

第六节　包涵体肝炎

　　肉鸡包涵体肝炎是由禽腺病毒引起的一种急性传染病，临床上以病鸡死亡突然增多，肝脏出血，严重贫血，黄疸，肌肉出血和死亡率突然增高，并在肝细胞中形成核内包涵体为特征。

一、发病情况

　　本病主要感染鸡和鹑、火鸡，多发于 3~15 周龄的鸡，其中以 3~9 周龄的肉鸡最常见，最早的见于 4~10 日龄肉鸡。

　　本病可通过鸡蛋传递病毒，也可从粪便排出，因接触病鸡和污染的鸡舍而传递，感染后如果继发大肠杆菌病或梭菌病，则死亡率和肉品废弃率均会增高。本病的发生往往与其他诱发条件如传染性法氏囊病有关。以春夏两季发生较多，病愈鸡能获终身免疫。

　　本病发病率不是很高，大部分呈零星发病。

二、临床症状与病理变化

　　肉鸡发病迅速，常突然出现死鸡。病鸡发热，精神委顿，食欲减少，排白绿色稀粪，嗜睡，羽毛蓬乱，曲腿蹲立。在饲料不断增长的阶段不会发现减料现象。病鸡有明显的肝炎和贫血症状。

　　① 肝肿大、土黄或苍白、肥厚、褪色，呈淡褐色或黄褐色，严重的就好像煮熟的鸡蛋黄，质脆易碎，表面和切面上有点状或斑状出血，并有胆汁淤积的斑纹（图 3-101 至图 3-106）。

图 3-101　肝肿大，质脆（右为正常鸡肝）

图 3-102　肝肿大、质脆易碎

图 3-103　肝土黄色、肥厚

图 3-104　肝肿大，土黄色

图 3-105　肝肿大，呈淡褐色或黄褐色

图 3-106　肝肿大，有胆汁淤积的斑纹

② 中后期，肝脏表面有密集的小出血点和出血斑（图 3-107）。

③ 病鸡表现明显贫血，胸肌苍白（图 3-108）。

图 3-107 肝肿大，表面有出血斑

图 3-108 病鸡贫血，胸肌苍白

三、防控措施

目前，尚无有效疫苗和有效疗法。发病期间，电解多维、维生素 C、鱼肝油、维生素 K_3 全程应用，氟苯尼考、头孢菌素交替应用，黄芪多糖和保肝护肾的中药联合使用，可防止继发、并发症。

注意卫生管理，预防其他传染病尤其是法氏囊病的混合感染。发生本病的鸡场，在饲料中加入复合维生素和微量元素。

第七节　病毒性关节炎

一、发病情况

肉鸡病毒性关节炎是由呼肠孤病毒引起的肉鸡的传染病，又名腱滑膜炎。本病的特征是胫跗关节滑膜炎、腱鞘炎等，可造成鸡淘汰率增加、生长受阻，饲料报酬低。

本病仅见于鸡，可通过种蛋垂直传播。多数鸡呈隐性经过，急性感染时，可见病鸡跛行，部分鸡生长停滞；慢性病例，跛行明显，甚至跗关节僵硬，不能活动。有的患鸡关节肿胀、跛行不明显，但可见腓肠肌腱或趾屈肌腱部肿胀，甚至腓肠肌腱断裂，并伴有皮下出血，呈现典型的蹒跚步态。死亡率虽然不高，但出现运动障碍，生长缓慢，饲料报酬低，胴体品质下降，淘汰率高，严重影响肉鸡经济效益。

二、临床症状与病理变化

病鸡食欲不振，消瘦，不愿走动，跛行（图3-109）；腓肠肌断裂后，腿变形，顽固性跛行，严重时瘫痪。

剖检，肉鸡趾屈

图3-109　病鸡跛行

腱及伸腱发生水肿性肿胀，腓肠肌腱粘连、出血、坏死或断裂。跗关节肿胀（图3-110、图3-111）、充血或有点状出血，关节腔内有大量淡黄色、半透明渗出物（图3-112至图3-115）。慢性病例，可见腓肠肌腱明

图3-110　跗关节肿胀

显增厚、硬化、断裂（图3-116）。出现结节状增生，关节硬固

图3-111　附关节肿胀，腔内有分泌物

图3-112　腱鞘发炎、水肿

图3-113　腱鞘粘连

图3-114　胫部炎症，腱鞘水肿

图 3-115　肌腱水肿、坏死　　　　图 3-116　腓肠肌筋腱断裂

变形，表面皮肤呈褐色。腱鞘发炎、水肿。有时可见心外膜炎，肝、脾和心肌上有小的坏死灶。

三、防控措施

（一）预防

1. 加强饲养管理

注意肉鸡舍及环境，从无病毒性关节炎的肉鸡场引种。坚持执行严格的检疫制度，淘汰病肉鸡。

2. 免疫接种

目前，实践应用的预防病毒性关节炎的疫苗有弱毒苗和灭活苗两种。种鸡群的免疫程序是：1~7 日龄和 4 周龄各接种一次弱毒苗，开产前接种一次灭活苗，减少垂直传播的概率。但应注意不要和马立克氏病疫苗同时免疫，以免产生干扰现象。

（二）治疗

目前，对于发病鸡群尚无有效的治疗方法。可试用干扰素、白介苗抑制病毒复制，抗生素防止继发感染。

第八节 淋巴细胞白血病

鸡白血病是由一群具有共同特性的病毒（RNA 黏液病毒群）引起的鸡的慢性肿瘤性疾病的总称，淋巴细胞性白血病是在白血病中最常见的一种。

一、发病情况

淋巴细胞性白血病病毒主要存在于病鸡血液、羽毛囊、泄殖腔、蛋清、胚胎以及雏鸡粪便中。该病毒对理化因素抵抗力差，对各种消毒药均敏感。

本病的潜伏期很长，呈慢性经过，小鸡感染大鸡发病，一般 6 月龄以上的鸡才出现明显的临床症状和死亡。主要是通过垂直传播，也可通过水平传播。感染率高，但临床发病者很少，多呈散发。

二、临床症状与病理变化

病鸡冠与肉垂变成苍白色、皱缩，精神不振、食欲减退，进行性消瘦，体重减轻，下痢、排绿色粪便，常见腹部膨大，手按压可触到肿大的肝脏。病鸡最后衰竭死亡。

临床上的渐进性发病、死亡和低死亡率是其特点之一。

剖检，肝脏肿大，可延伸到耻骨前缘，充满整个腹腔，俗称"大肝病"。肝质地脆弱，并有大理石纹理，表面有弥漫性肿瘤结节（图 3–117 至图 3–123）。脾脏肿胀，似乒乓球，表面有弥散性灰白色坏死灶（图 3–124）。

图 3-117　肝脏、脾脏极度肿大、
　　　　　质脆，见灰白色肿瘤病灶

图 3-118　肝脏肿大，有蚕豆大肿瘤

图 3-119　肝脏、脾脏、腺胃肿大，
　　　　　腺胃黏膜出血

图 3-120　肝脏上有蚕豆大肿瘤

图 3-121　肝脏肿大、质脆，见灰
　　　　　白色肿瘤病灶

图 3-122　肝肿，见灰白色肿瘤坏
　　　　　死灶

图 3-123 肝肿显著增大 　　图 3-124 脾脏肿大，见灰白色坏
死灶

三、防控措施

目前无有效治疗方法。患淋巴性白血病的病鸡没有治疗价值，应该着重做好疫病防治工作。

① 鸡群中的病鸡和可疑病鸡，必须经常检出淘汰。

② 淋巴性白血病可以通过鸡蛋传染，孵化用的种蛋和留种用的种鸡，必须从无白血病鸡场引进。孵化用具要彻底消毒。种鸡群如发生淋巴细胞性白血病，鸡蛋不可再作种。

③ 幼鸡对淋巴性白血病的易感性最高，必须与成年鸡隔离饲养。

④ 通过严格的隔离、检疫和消毒措施，逐步建立无淋巴性白血病的种鸡群。

第九节　心包积液综合征

一、发病情况

① 多发生于 40 日龄左右的鸡群，最早 37 日龄，以 42～43 日龄发病率高，发病情况严重。35 天前的鸡群无发病记录。

② 潜伏期短，发病急，发病之后迅速波及全群。

③ 发育良好的鸡群发病严重，45 日龄以上鸡群发病轻，恢复快，损失小。

④ 发病率高，群体发病率 100%，个体平均发病率 30%，严重的鸡群发病率高于 80%。

⑤ 死亡率高，平均死亡率 10%，极少数严重的鸡群死亡率高达 60%。

⑥ 鸡群恢复之后有反复现象。

二、临床症状与病理变化

（一）临床症状

① 大约于 3 周龄时，在看上去明显健康的肉鸡中突然发生，以至鸡在临死前仍很活泼，毫无病态。死鸡就是该病存在的信号。

② 病鸡不愿活动，采食量下降，羽毛蓬乱，鸡冠苍白，呼吸困难，排泄黄绿色稀粪。

③ 发病鸡群多于 3 周龄开始死亡，4～5 周龄达到高峰。病程通常 10～14 天。病鸡对热应激高度敏感。该病扩散能力强，很易在鸡群和鸡场间传播。康复鸡群对再感染有免疫力。

（二）病理变化

① 心包积液（图 3–125），心脏肿大松软；肺脏水肿（图 3–126）；肝脏肿大，苍白，变性，质脆，出现灰白色坏死灶（图 3–127）。

② 盲肠扁桃体肿胀，有的肠道淋巴结肿胀突起。部分病鸡肾脏肿大，肺脏充血并出现灰白色渗出物。

三、防控措施

① 通过制备心包积液综合征的卵黄抗体和抗血清直接注射到发病鸡机体可以制止本病的继续蔓延和发病。

② 抗病毒。发病之初可以使用干扰素以抑制病毒复制，同时使用黄连解毒散、小柴胡等来抗瘟祛邪，扶正解毒，祛风除湿，清热凉血，疏肝和胃，和解少阳，补益肝气，提高机体免疫力，增强抗病力，

图 3–125　心包积液

图 3–126　肺脏水肿，肝脏变性

图 3–127　心包积液，肝脏变性

促进康复之功效。

③ 保肝护肾。使用葡萄糖、维生素 C、葡萄糖醛内酯、龙胆泻肝汤、五苓散等会对本病有一定的作用。

④ 强心利尿。使用牛磺酸、樟脑磺酸钠、安钠咖来强心，使用呋塞米等利尿药利尿来缓解心包积液、肝肾水肿现象，同时可另外加用 ATP、肌苷、辅酶 A 等补充能量。

⑤ 轻开肺气健脾益肾、利水消肿、扶正固本。使用四君子汤、五苓散为基础方搭配即可。

⑥ 加强饲养管理，减少诱因，降低发病损失。

第四章

常见细菌病

第一节　大肠杆菌病

一、发病情况

本病是由大肠杆菌的某些致病性血清型引起的疾病的总称。多呈继发或并发。由于大肠杆菌血清型众多，且容易产生耐药性，因此治疗难度比较大，发病率和死亡率高。

大肠杆菌是肉鸡肠道中的正常菌群，平时，由于肠道内有益菌和有害菌保持动态平衡状态，因此一般不发病。但当环境条件改变，肉鸡遇到较大应激，或在病毒病发作时，都容易继发或随病毒病等伴发。

肉鸡大肠杆菌病很少单一发生，多与鸡新城疫、肾传染性支气管炎、法氏囊病等病毒病混合感染，给治疗带来了一定的难度。

本病可通过消化道、呼吸道、污染的种蛋等途径传播，不分年龄、季节，均可发生。

二、临床症状与病理变化

① 精神不振，常呆立一侧，羽毛松乱，两翅下垂（图 4-1、图 4-2）。

图 4-1　病鸡精神差，炸毛，拉稀

图 4-2　伏卧，拉白色稀粪

② 食欲减少，冠发紫，排白色、黄绿粪便（图 4-3、图 4-4）。

图4-3　排出白色稀薄粪便

图4-4　白色稀粪污染泄殖腔周围羽毛

③ 当大肠杆菌和其他病原菌（如支原体、传染性支气管炎病毒等）合并感染时，病鸡多有明显的气囊炎（图4-5至图4-7）。临床表现呼吸困难、咳嗽。

④ 剖检时有恶臭味

图4-5　气囊炎、腹膜炎

儿。病理变化多表现为：心包炎，气囊浑浊、增厚，有干酪物，心包积液，有炎性分泌物；肝周炎，肝肿大，有白色纤维素状渗出；

图4-6　腹膜炎

图4-7　卵黄性腹膜炎

有些肉鸡群头部皮下有胶冻状渗出物；腹膜炎，雏鸡有卵黄收缩不良、卵黄性腹膜炎等变化，中大鸡发病有的还表现为腹水征（图4-8至图4-13）。

图4-8 心包炎、肝周炎

图4-9 肝脏表面形成的干酪物

有些情况下，肉鸡大肠杆菌病还表现以下不同类型。

全眼球炎表现为眼睑封闭，外观肿大，眼内蓄积多量脓性或干酪样物质。眼角膜变成白色不透明，表面有黄色米粒大的坏死灶（图4-14）。内脏器官多无变化。

图4-10　肝脏表面黄色纤维蛋白渗出

图4-11　病鸡前胸气囊黄色干酪物

图4-12　肝脏表面形成包膜

图4-13　引起腹水征

图4-14　大肠杆菌性结膜炎，结膜囊内有脓性渗出物

大肠杆菌性肉芽肿（图4-15、图4-16），是在病鸡的小肠、盲肠、肠系膜及肝脏、心脏等表面形成典型的肉芽肿，外观与结核结节及马立克氏病相似。

图4-15 大肠杆菌肉芽肿　　　　　图4-16 大肠杆菌肉芽肿

三、防治

（一）预防

① 选择质量好、健康的鸡苗，这是保证后期大肠杆菌病少发的一个基础。

② 大肠杆菌是条件性致病菌，所以良好的饲养管理是保证该病少发的关键。例如温度、湿度、通风换气、圈舍粪便处理等都与大肠杆菌病的发生息息相关。

③ 适当的药物预防。药物的选择可根据鸡只的不同日龄多听从兽医专家的建议进行选择，切不可滥用。

（二）治疗

① 弄清该鸡群发生的大肠杆菌病是原发病还是继发病，是单一感染还是和其他疾病混合感染，这是成功治疗本病的关键。

② 通过细菌培养和药敏试验选择高敏的大肠杆菌药物作为首选药物。

③ 增加维生素的添加剂量，提高机体抵抗力。

④ 改善圈舍条件，提高饲养管理水平。

第二节 沙门氏菌病

肉鸡沙门氏菌病是由沙门氏菌属引起的一组传染病，主要包括鸡白痢、鸡伤寒和鸡副伤寒。

沙门氏菌属是一大属血清学相关的革兰氏阴性杆菌，共有3 000多个血清型。禽沙门氏菌病依据其病原体不同可分为5种类型。由鸡白痢沙门氏菌所引起的称为鸡白痢，由鸡伤寒沙门氏菌引起的称为鸡伤寒，而由其他有鞭毛能运动的沙门氏菌所引起的则统称为鸡副伤寒。诱发鸡副伤寒的沙门氏菌能广泛地感染各种动物和人类。因此，在公共卫生上也有重要意义。

一、发病情况

（一）鸡白痢

鸡白痢是雏鸡的一种急性、败血性传染病，2周龄以内的雏鸡发病率和死亡率都很高，成年鸡多呈慢性经过，症状不典型，但带菌种鸡可通过种蛋垂直传播给雏鸡，还可通过粪便水平传播，大多通过带菌的种蛋进行垂直传播。如果孵化了带菌的种蛋，雏鸡出壳1周内就可发病死亡，对育雏成活率影响极大。育成期虽有感染，但一般无明显临床症状，种鸡场一旦被污染，很难根除。

感染种蛋孵化时，一般在孵化后期或出雏器中可见到已死亡的胚胎和即将垂死的弱雏。

（二）鸡伤寒

鸡伤寒主要发生于育成鸡和产蛋鸡。4~20周龄的青年鸡，特别是在 8~16 周龄最易感。带菌鸡是本病的主要传染源，主要通过粪便感染，通过眼结膜或其他介质机械传播，也可通过种蛋垂直传播给雏鸡。

（三）鸡副伤寒

鸡副伤寒主要发生于 4~5 日龄的雏鸡，以下痢、结膜炎和消瘦为特征，可引起大批死亡。人吃了经污染的食物后易引起食物中毒，应引起重视。该病主要通过消化道和种蛋传播，也可通过呼吸道和皮肤伤口传染，一般多呈地方性流行。雏鸡多呈急性败血症经过，成年鸡多呈隐性感染。

二、临床症状与病理变化

（一）鸡白痢

1. 临床症状

早期急性死亡的雏鸡，一般不表现明显的临床症状；3 周以内的雏鸡临床症状比较典型，表现为怕冷、尖叫、两翅下垂、反应迟钝、减食或废绝（图 4-17）；排出白色糊状或白色石灰浆状的稀粪（图 4-18），有时黏附在泄殖腔周围。因排便次数多，肛门常被黏糊封闭，影响排粪，常称"糊肛"（图 4-19），病雏排

图 4-17 病鸡羽毛蓬乱、缩头、无神　　图 4-18 病鸡排出石灰浆样稀粪

粪时感到疼痛而发出尖叫声。鸡白痢病鸡还可出现张口呼吸症状（图4-20）。

图4-19 糊肛

图4-20 病雏张口呼吸

2.病理变化

① 心肌变性，心肌上有黄白色、米粒大小的坏死结节（图4-21至图4-23）。

② 病鸡瘦弱，肝脏上有密集的灰白色坏死点（图4-24、图4-25）；肺瘀血、肉变、出血坏死（图4-26至图4-28）。

图4-21 心脏上的黄色米粒大小的坏死结节

图4-22 心肌变性

图 4-23 心脏肉芽肿、变性

图 4-24 病鸡瘦弱，肝脏上有密集的灰白色坏死点

图 4-25 肝脏表面的灰白色坏死灶

图 4-26 肺瘀血、肉变

图 4-27 肺脏出血

图 4-28 肺坏死性结节

③ 脾脏肿胀、出血、坏死（图4-29）。

④ 慢性鸡白痢引起盲肠肿大，形成肠芯（图4-30、图4-31）。胰腺和小肠外形成肉芽肿（图4-32）。

图4-29　脾脏肿胀、出血、坏死

图4-30　慢性白痢引起盲肠肿大，
　　　　形成肠芯

图4-31　慢性雏鸡白痢引起盲肠肿，
　　　　内有干酪样物

图4-32　胰腺和小肠外形成肉芽肿

⑤ 卵黄吸收不全（图4-33）。

（二）鸡伤寒

1. 临床症状

病鸡精神差，贫血，冠和肉髯苍白皱缩，拉黄绿色稀粪。雏鸡发病症状与鸡白痢基本相似。

图4-33　卵黄吸收不全

2.病理变化

① 肝肿大，呈浅绿、棕色或古铜色，质脆，胆囊充盈膨大（图 4-34 至图 4-36）。

② 肺瘀血（图 4-37）。

图 4-34　伤寒引起的肝脏肿大，青铜肝

图 4-35　肝脏肿大，表面有坏死灶

图 4-36　肝脏表面布满坏死灶

图 4-37　禽伤寒引起肺部瘀血

③ 肠道有卡他性炎症，肠黏膜有溃疡，以十二指肠较严重，内有绿色稀粪或黏液（图 4-38）。

④ 雏鸡病变与鸡白痢基本相似。

图 4-38　肠黏膜溃疡

（三）鸡副伤寒

1.临床症状

病雏嗜眠，畏寒，严重水样下痢，泄殖腔周围有粪便粘污。

2.病理变化

急性死亡的病雏鸡病理变化不明显。病程稍长或慢性经过的雏鸡，出血性肠炎。肠道黏膜水肿局部充血和点状出血，肝肿大，青铜肝，有细小灰黄色坏死灶。

三、防治

① 对雏鸡（开口时）可选用敏感的药物加入饲料或饮水中进行预防，防止早期感染。

② 保证鸡群各个生长阶段、生长环节的清洁卫生，杀虫防鼠，防止粪便污染饲料、饮水、空气、环境等。

③ 商品肉鸡要实行全进全出的饲养模式，推行自繁自养的管理措施。

④ 加强育雏期的饲养管理，保证育雏温度、湿度和饲料的营养。

⑤ 治疗的原则是：抗菌消炎，提高抗病能力。可选择敏感抗菌药物预防和治疗，防止扩散。常用药物有庆大霉素、氟喹诺酮类、磺胺二甲基嘧啶等。

⑥ 在饲料中添加微生态制剂，利用生物竞争排斥的现象预防鸡白痢。常用的商品制剂有促菌生、强力益生素等，可按照说明书使用。

⑦ 使用本场分离的沙门氏菌制成油乳剂灭活苗，做免疫接种。

⑧ 种鸡场必须适时地进行检疫，检疫的时机以 140 日龄左右为宜，及时淘汰检出的所有阳性鸡。种蛋入孵前要熏蒸消毒，同时要做好孵化环境、孵化器、出雏器及所有用具的消毒。

第三节 坏死性肠炎

一、发病情况

本病的病原为 A 型产气荚膜梭状芽孢杆菌，又称魏氏梭菌。在正常的动物肠道就有魏氏梭菌，它是多种动物肠道的寄居者，因此，粪便内就有它的存在，粪便可以污染土壤、水、灰尘、垫料、一切器具等。本病经常与小肠球虫病并发或继发，且一般的药物和常规剂量难以产生疗效。受各种应激因素的影响，如饲料中蛋白质含量的增加、肠黏膜损伤、口服抗生素、污染环境中魏氏梭菌的增多等都可造成本病的发生与流行。以严重消化不良、生长发育停滞、排红褐色乃至黑褐色煤焦油样稀粪为特征。

本病显著的流行特点是，在同一区域或同一鸡群中反复发作，断断续续地出现病死鸡和淘汰鸡，病程持续时间长，可直至该鸡群上市。

二、临床症状与病理变化

① 主要侵害 2~5 周龄地面平养的肉鸡，2 周龄以内的雏鸡也可发病。

② 精神沉郁，闭眼嗜睡，食欲减退，腹泻，羽毛粗乱；生长发育受阻，排黑色、灰色稀便，有时混有血液。

③ 眼观病变仅限于小肠，特别是空肠和回肠，部分盲肠也可见病变。肠壁脆弱、扩张，充满气体，肠黏膜附着疏松或致密伪膜，伪膜外观呈黄色或绿色。肠壁浆膜层可见出血斑，有的毛细血

管破裂呈紫红色。黏膜出血深达肌层，时有弥漫性出血并发生严重坏死（图4-39至图4-43）。

图4-39　回肠中有未消化的饲料颗粒

图4-40　肠壁变薄，肠腔胀气

图4-41　空肠坏死，出血，呈紫红色

图4-42　肠黏膜附着致密伪膜

图 4-43　回肠黏膜肌层出血

三、防治

治疗时，首先对鸡舍进行常规消毒，隔离病鸡。选择敏感药物，如杆菌肽、青霉素、泰乐菌素、盐霉素等，全群饮水或混饲给药。因肠道梭菌易与鸡小肠球虫混合感染，故一般在治疗过程中要适当加入一些抗球虫药。

第四节　传染性鼻炎

鸡传染性鼻炎是由鸡嗜血杆菌引起的一种急性呼吸道传染病，多发生于阴冷潮湿季节。主要是通过健康鸡与病鸡接触或吸入了被病菌污染的飞沫而迅速传播，也可通过被污染的饲料、饮水经消化道传染。

一、发病情况

鸡嗜血杆菌对各种日龄的鸡群都易感，但雏鸡很少发生传染性鼻炎。在发病频繁的地区，发病正趋于低日龄，多集中在35~70日龄。该病一年四季都可发生，以秋冬季、春初多发。可通过空气、飞沫、饲料、水源传播，甚至人员的衣物鞋子都可作为传播媒介。一般潜伏期较短，仅1~3天。

二、临床症状与病理变化

① 传染性鼻炎主要特征有喷嚏、发烧、鼻腔流黏液性分泌物、流泪、结膜炎、颜面和眼周围肿胀和水肿。病鸡精神不振，食欲减少，病情严重者引起呼吸困难和啰音。

② 眼部经常可见卡他性结膜炎（图4-44）。

图4-44　眼部肿胀、卡他性结膜炎

③ 鼻腔、窦黏膜和气管黏膜出现急性卡他性炎症，充血、肿胀、潮红，表面覆有大量黏液，窦内有渗出物凝块或干酪样坏死物（图 4-45、图 4-46）。

图 4-45　窦腔内渗出物凝块，干酪样　　图 4-46　窦腔内渗出物凝块，干坏死物　　　　　　　　　　　　酪样坏死物

三、防治

（一）预防

加强饲养管理，搞好卫生消毒，防止应激，搞好疫苗接种。根据本场实际情况选择适合的厂家的传染性鼻炎灭活疫苗，问题严重时可利用本场毒株制作自家苗有的放矢地进行预防。

（二）治疗

1. 原则

抗菌消炎，清热通窍。

2. 组方

磺胺类药物是首选。大环内酯类、链霉素、庆大霉素均有效。

第五节　鸡支原体病（慢性呼吸道病）

　　鸡支原体病又名慢性呼吸道病，是由鸡毒支原体引起的肉鸡的一种接触性、慢性呼吸道传染病。其特征是上呼吸道及邻近的窦黏膜炎症，常蔓延到气囊、气管等部位。表现为咳嗽、鼻涕、气喘和呼吸杂音。本病发展缓慢，又称败血霉形体病。

一、发病情况

　　本病的传播方式有水平传播和垂直传播，水平传播是病鸡通过咳嗽、喷嚏或排泄物污染空气，经呼吸道传染，也能通过饲料或水源由消化道传染，也可经交配传播。垂直传播是由隐性或慢性感染的种鸡所产的带菌蛋，可使14~21日龄的胚胎死亡或孵出弱雏，这种弱雏因带病原体又能引起水平传播。

　　本病在鸡群中流行缓慢，仅在新疫区表现急性经过，当鸡群遭到其他病原体感染或寄生虫侵袭时，以及影响鸡体抵抗力降低的应激因素如预防接种、卫生不良、鸡群过分拥挤、营养不良、气候突变等均可促使或加剧本病的发生和流行。带有本病病原体的幼雏，通过气雾或滴鼻的途径免疫时，能诱发致病。若用带有病原体的鸡胚制作疫苗时，则能造成疫苗的污染。本病一年四季均可发生，但以寒冷的季节流行较严重。

二、临床症状与病理变化

（一）临床症状

　　① 病鸡先是流稀薄或黏稠鼻液，打喷嚏，咳嗽，张口呼吸

（图4-47），呼吸有气管啰音，夜间比白天听得更清楚，严重者呼吸啰音很大，似青蛙叫。

图4-47 精神沉郁，张口呼吸

② 病鸡食欲不振，体重减轻消瘦。眼球受到压迫，发生萎缩和造成失明，可能侵害一侧眼睛，也可能两侧同时发生。

③ 易与大肠杆菌、传染性鼻炎、传染性支气管炎混合感染，从而导致气囊炎、肝周炎、心包炎，增加死亡率。若无病毒和细菌并发感染，死亡率较低。

④ 滑液囊支原体感染时，关节肿大，病鸡跛行甚至瘫痪。

（二）病理变化

① 鼻腔、气管、支气管和气囊中有渗出物，眶下窦黏膜发炎，气管黏膜常增厚。鼻窦、眶下窦卡他性炎症及黄色干酪样物（图4-48至图4-50）。

② 肺脏出血性坏死（图4-51）；气囊膜浑浊、增厚，囊腔中

图4-48 鼻窦、眶下窦卡他性炎症及黄色干酪样物

图4-49 眼炎，眶下窦肿胀

图4-50 头部皮下形成黄色干酪样物

图4-51 肺脏出血性坏死

含有大量干酪样渗出物（图4-52）。与大肠杆菌混感时，可见纤维素性心包炎、肝周炎、气囊炎（图4-53至图4-57）。

图4-52 气囊泡沫状分泌物

图4-53 纤维素性腹膜炎

图4-54 腹膜上有泡沫样液体

图4-55 纤维素性心包炎、肝周炎

图4-56 气囊上有黄色干酪样物

图4-57 气囊浑浊，有黄色干酪样物

③ 气管栓塞，可见黄色干酪样物堵塞气管（图4-58、图4-59）。

④ 支原体关节炎时，出现关节肿大，尤其是跗关节，关节周围组织水肿（图4-60、图4-61）。

图4-58 气管内形成栓塞

图4-59 气管内形成的黄色栓塞

图4-60 关节肿大（一）

图4-61 关节肿大（二）

三、防治

（一）预防

加强饲养管理，搞好卫生消毒，对种鸡群一定要定期进行血清学检查，淘汰阳性鸡；也可接种疫苗（有弱毒苗和灭活苗，按说明书使用）。

（二）治疗

强力霉素、泰乐菌素、链霉素、四环素、土霉素、红霉素、螺旋霉素、壮观霉素、卡那霉素、支原净等对鸡毒支原体都有效，但易产生耐药性。选用哪种药物，最好先作药敏试验，也可轮换或联合使用药物。抗菌药物可采用饮水或注射的方法施药，有的也可添加于饲料中。

第六节　曲霉菌病

曲霉菌病又称霉菌性肺炎。烟曲霉菌菌落初长为白色致密绒毛状，菌落形成大量孢子后，其中心呈浅蓝绿色，表面呈深绿色、灰绿色甚至为黑色丝绒状。

一、发病情况

曲霉菌病是平养肉鸡常见的一种真菌性疾病，由曲霉菌引起，常呈急性暴发和群发性发生。该病主要危害 20 日龄内雏鸡。多见于温暖多雨季节，因垫料、饲料发霉，或因雏鸡室通气不良而导致霉菌大量生长，雏鸡吸入大量霉菌孢子而感染发病。

一般来说肉鸡发生霉菌常常因为与霉变的垫料、饲料接触或吸入大量霉菌孢子而感染。饲料的霉变多为放置时间过长、吸潮或鸡吃食时饲料掉到垫料中所引起，垫料的霉变更多的是木糠、稻壳等未能充分晒干吸潮而致。

二、临床症状与病理变化

（一）临床症状

① 20 日龄内肉鸡多呈暴发，成鸡多散发。

② 精神沉郁，嗜睡，两翅下垂，食欲减少或废绝。伸颈张口，呼吸困难，甩鼻，流鼻液，但无

图 4-62　呼吸困难，但无喘鸣声

喘鸣声。个别鸡只出现麻痹、惊厥、颈部扭曲等神经症状（图 4-62）。

（二）病理变化

① 病变主要见于肺部和气囊，肺部见有曲霉菌菌落和粟粒大至绿豆大黄白色或灰白色干酪样坏死结节，其质地较硬，切面可见有层状结构，中心为干酪样坏死组织（图 4-63 至图 4-67）。严重时，肺部发炎（图 4-68）。

图 4-63　肺部形成的霉菌斑

图 4-64　肺部形成豆腐渣样坏死灶

图 4-65　肺部形成豆腐渣样坏死灶

图 4-66　肺部黄白色干酪样坏死结节

图 4-67　肺部黄白色干酪样坏死结节

图 4-68　肺炎

② 食管形成假膜（图4-69），肌胃角质层溃疡、糜烂（图4-70）。

图4-69　食管假膜

图4-70　肌胃角质层溃疡、糜烂

③ 心包积液（图4-71）。

图4-71　心包积液

三、防治

（一）预防

① 严禁使用霉变的米糠、稻草、稻壳等作垫料，避免使用发霉饲料。

② 所取的饲料鸡群应该在一定的时间内吃完（一般 7 天内），饲料要用木板架起放置，防止吸潮；料桶要加上料罩，防止饲料掉下；垫料要常清理，把垫料中的饲料清除。

③ 严格做好消毒卫生工作，可用 0.4% 的过氧乙酸带鸡消毒。

（二）治疗

治疗前，先全面清理霉变的垫料，停止使用发霉的饲料或清理地上发霉的饲料，用 0.2%~0.1% 的硫酸铜溶液全面喷洒鸡舍，更换上新鲜干净的谷壳作垫料。饮水器、料桶等鸡接触过的用具全面清洗并用 0.2%~0.1% 的硫酸铜溶液浸泡。0.2% 硫酸铜溶液或 0.2% 龙胆紫饮水或 0.5%~1% 碘化钾溶液饮水，制霉菌素（100 粒 / 包料）拌料，连用 3 天（每天 1 次），连用 2~3 个疗程，每个疗程间隔 2 天。注意控制并发或继发其他细菌病，如葡萄球菌等，可使用阿莫西林饮水。

第七节　白色念珠菌感染

肉鸡白色念珠菌病是由念珠菌引起的消化道真菌病，又叫消化道真菌病、鹅口疮或霉菌性口炎。

一、发病情况

本病的病原体是念珠菌属的白色念珠菌，随着病鸡的粪便和口腔分泌物排出体外，污染周围的环境、饲料和饮水；易感鸡摄入被污染的饲料和饮水而感染，消化道黏膜的损伤也有利于病原菌的侵入。本病也可以通过污染的蛋壳感染。恶劣的环境卫生及鸡群过分拥挤、饲养管理不良等，均可诱发本病。

二、临床症状与病理变化

① 多感染 2 月龄以内的鸡。

② 雏鸡主要表现为生长不良、发育受阻、倦怠无神、羽毛松乱；采食量略降，饮水量增加，发病早期倒提时口中有酸臭黏液流出；嗉囊肿大，排绿色水样粪便。严重病例呼吸急促、下痢、脱水衰竭而死。

③ 嗉囊、黏膜表面散布有薄层疏松的褐白色坏死物（假膜），并散布有白色、圆形隆起的溃疡灶，嗉囊内壁有白色絮状物，表面易剥脱（图 4-72 至图 4-75）。

④ 肝脏表面有奶油状分泌物（图 4-76）。

⑤ 心冠脂肪消失，心包液有大量白色尿酸盐沉积（图 4-77）。

三、防治

严禁使用霉变饲料与垫料，保持鸡舍清洁、干燥、通风。潮湿

图 4-72　嗉囊增厚，内附白色假膜　　　图 4-73　嗉囊内壁白色絮状物

图 4-74　嗉囊内壁堆积絮状物　　　图 4-75　嗉囊内侧白色假膜

图 4-76　肝脏表面奶油状分泌物　　　图 4-77　心包液有大量白色尿酸盐
　　　　　　　　　　　　　　　　　　　　　　　　沉积

雨季，在鸡的饮水中加入 0.02% 结晶紫或在饲料中加入 0.1% 赤霉素，每周喂 2 次可有效预防本病。定期用 3%~5% 的来苏儿溶液对鸡舍、垫料进行消毒。

　　初期预防可选用硫酸铜，中、后期治疗可使用制霉菌素等。每千克饲料中添加制霉菌素 50~100 毫克，连喂 7 天，同时饮水中加入硫酸铜，连饮 5 天，可减轻病变的程度。

第五章

常见寄生虫病

第一节　球虫病

一、发病情况

球虫病是肉鸡生产中最常见的一种寄生性原虫病。感染鸡的球虫有 7 种，分别为柔嫩、毒害、巨型、堆型、布氏和缓和早熟艾美耳球虫，以柔嫩艾美耳球虫和毒害艾美耳球虫致病力最强。球虫病由艾美耳属多种球虫寄生于鸡的肠上皮细胞内所引起，发病日龄多在 3~6 周龄，一年四季均可发生，4—9 月为流行季节，特别是 7—8 月最严重。鸡舍潮湿、拥挤、饲养卫生条件差更易发生。柔嫩艾美耳球虫的 7 天生活史（图 5-1）包括两代或两代以上的无性繁殖和一代有性繁殖，从宿主排出的卵囊必须在孢子化（第 7 天）后才具有感染性。

二、临床症状与病理变化

（一）临床症状

① 病鸡精神沉郁，羽毛松乱，两翅下垂，闭眼似睡（图 5-2）。

图 5-1　柔嫩艾美耳球虫生活史

图 5-2　病鸡精神不振，双翅下垂，闭目缩颈

　　② 全身贫血，冠、髯、皮肤、肌肉颜色苍白（图 5-3 至图 5-5）。

图 5-3　鸡冠、肉髯苍白贫血

图 5-4　全身贫血，胸肌发白

图 5-5　肌肉苍白，消瘦，贫血

③ 地面平养鸡发病早期偶尔排出带血粪便，并在短时间内采食加快，随着病情发展，血粪增多，尾部羽毛被血液或暗红色粪便污染（图5-6）。

图5-6 泄殖腔周围被血便污染

④ 笼养鸡、网上平养鸡，常感染小肠球虫，呈慢性经过，病鸡消瘦，间歇性下痢，羽毛松乱，闭眼缩做一团，采食量下降，排出未被完全消化的饲料粪（料粪），粪便中混有血色丝状物、肉芽状物或胡萝卜丝样物，或西瓜瓤样稀粪（图5-7至图5-11）。

图5-7 柔嫩艾美耳球虫多见于幼鸡，排出血便，死亡率高

图5-8　料粪中带有血丝

图5-9　下痢，排出胡萝卜丝样稀粪

图5-10　下痢，排出暗红色粪便

图5-11　下痢，排出西红柿样稀便

（二）病理变化

① 柔嫩艾美耳球虫感染时表现盲肠球虫。可见两侧盲肠显著肿大，增粗，外观呈暗红色或紫黑色，内为暗红色血凝块或血水，并混有肠黏膜坏死物质（图5-12至图5-15）。

② 毒害艾美耳球虫、巨型艾美耳球虫、堆型艾美耳球虫、哈氏艾美耳球虫感染时，主要损害小肠。可见肠管增粗，肠壁增厚，有严重坏死，肠壁黏膜面上布有针尖大小出血点，肠浆膜面上有明显的淡白色斑点，有时可形成肠套叠（图5-16至图5-27）。

图5-12 盲肠肿大，增粗，出血，暗红

图5-13 盲肠肿大，呈紫茄子样

图5-14 盲肠内暗红色血凝块

图5-15 盲肠内的凝血块

图5-16 肠管增粗，浆膜面上有明显的淡白色麸皮样斑点

图5-17 肠管扩张，充满气体和黏液

图5-18　肠黏膜上致密的麸皮样黄色假膜，肠壁增厚，剪开自动外翻

图5-19　空肠肿胀，出血，浆膜面布满灰白色坏死灶

图5-20　肠管肿胀出血，浆膜面布满出血点

图5-21　肠管扩张，浆膜面布满出血斑点，内容物呈淡红色

图5-22　小肠肿胀，肠套叠

图5-23　小肠肿胀、肠壁增厚，剪开自动外翻，内有血凝块

图 5-24　十二指肠肿胀，表面有出
血点；盲肠肿胀出血

图 5-25　小肠增生，浆膜外有点状
坏死

图 5-26　回肠后段浆膜面上密布的
出血点

图 5-27　小肠浆膜外点状出血

三、防治

（一）预防

1. 严格消毒

空鸡舍在进行完常规消毒程序后，应用酒精喷灯对鸡舍的混凝土、金属物件器具以及墙壁（消毒范围不能低于鸡群 2 米）进行火焰消毒，消毒时一定要仔细，不能有疏漏的区域。

对木质、塑料器具用 2%~3% 的热碱水浸泡洗刷消毒。对饲槽、饮水器、栖架及其他用具，每 7~10 天（在流行期每 3~4 天）要用开水或热碱水洗涤消毒。

2. 加强饲养管理

推广网上平养模式；加强对垫料的管理；保持鸡舍清洁干燥，搞好舍内卫生，要使鸡舍内温度适宜，阳光充足，通风良好；供给雏鸡富含维生素的饲料，以增强鸡只的抵抗力，在饲料或饮水内要增加维生素 A 和维生素 K。

3. 做好定期药物预防

可以在 7 日龄首免新城疫后，选择地克珠利、妥曲珠利配合鱼肝油，将球虫在生长前期杀死。如有明显肠炎症状，可用地克珠利、妥曲珠利配合氨苄西林钠、舒巴坦钠、肠黏膜修复剂等治疗。在二免新城疫之前，若鸡群中有球虫病时，必须先治疗球虫病，再做新城疫免疫，防止引起免疫失败。10 日龄前，也可不予预防性投药，待出现球虫后再做治疗，可以使肉鸡前期轻微感染球虫，后期获得对球虫感染的抵抗力。

（二）治疗

对急性盲肠球虫病，以 30% 的磺胺氯吡嗪钠为代表的磺胺类药物是治疗本病的首选药物。按鸡群全天采食量每 100 千克饲料 200 克饮水，4~5 小时饮完，连用 3 天。

对急性小肠球虫病的治疗，复合磺胺类药物是治疗本病的首选药物，另外加治疗肠毒综合征的药物同时使用，效果更佳。

对慢性球虫病，以尼卡巴嗪、妥曲珠利、地克珠利为首选药物，配合治疗肠毒综合征的药物同时使用，效果更好。

对混合球虫感染的治疗，以复合磺胺类药物配合治疗肠毒综合征的药物饮水，连用 2 天，晚上用健肾、护肾的药物饮水。

第二节　卡氏住白细胞原虫病

一、发病情况

鸡住白细胞原虫病是由住白细胞原虫属的原虫寄生于鸡的红细胞和单核细胞而引起的一种以贫血为特征的寄生虫病，俗称白冠病，主要由卡氏住白细胞原虫和沙氏住白细胞原虫引起。其中，卡氏住白细胞原虫危害最为严重。该病可引起雏鸡大批死亡，中鸡发育受阻，成鸡贫血。

该病的发生与蠓（图5-28）和蚋（图5-29）的活动密切相关。蠓和蚋分别是卡氏住白细胞原虫和沙氏住白细胞原虫的传播媒介，因而该病多发生于库蠓和蚋大量出现的温暖季节，有明显的季节性。一般气温在20℃以上时，蠓和蚋繁殖快，活动强，该

图5-28　库蠓

图5-29　蚋

病流行严重。我国南方地区多发生于 4—10 月，北方地区多发生于 7—9 月。

二、临床症状与病理变化

（一）临床症状

① 雏鸡感染多呈急性经过，病鸡体温升高，精神沉郁，乏力，昏睡；食欲不振，甚至废绝；两肢轻瘫，行步困难，运动失调；口流黏液，排白绿色稀便。

② 消瘦、贫血、鸡冠和肉髯苍白，有暗红色针尖大出血点（图 5-30、图 5-31）。

图 5-30　鸡冠苍白

图 5-31　鸡冠苍白，有暗红色针尖大出血点

③ 12~14 日龄的雏鸡因严重出血、咯血（图 5-32）和呼吸困难而突然死亡，死亡率高。血液稀薄呈水样，不凝固。

（二）病理变化

① 皮下、肌肉，尤其胸肌和腿部肌肉有明显的点状

图 5-32　咯血

或斑块状出血（图 5-33 至图 5-36）。

图 5-33　胸肌和腿肌上的点状或斑
　　　　　块状出血

图 5-34　胸肌上有点状、隆起的出血

图 5-35　胸肌上的点状出血，贫血

图 5-36　腿肌上的点状出血

　　② 肠系膜、心肌、胸肌或肝、脾、胰等器官，有住白细胞原虫裂殖体增殖形成的针尖大或粟粒大，与周围组织有明显界限的灰白色或红色小结节（图 5-37 至图 5-42）。

图 5-37 胰脏上隆起的结节性出血

图 5-38 小肠浆膜面上隆起的结节性出血

图 5-39 心尖上的灰白色结节

图 5-40 肾脏周围出血，不凝固

图 5-41 心脏上的灰白色梭状结节

图 5-42 肝脏上的出血

三、防治

1.预防该病，消灭昆虫媒介，控制蠓和蚋是最重要的一环

要抓好3点：一是要注意搞好鸡舍及周围环境卫生，清除鸡舍附近的杂草、水坑、畜禽粪便及污物，减少蠓、蚋滋生与藏匿；二是蠓和蚋繁殖季节，给鸡舍装配细眼纱窗，防止蠓、蚋进入；三是对鸡舍及周围环境，每隔 6~7 天，用 6%~7% 的马拉硫磷溶液或溴氰菊酯、戊酸氰醚酯等杀虫剂喷洒 1 次，以杀灭蠓、蚋等昆虫，切断传播途径。

2.对于病鸡，应早期进行治疗

最好选用发病鸡场未使用过的药物，或同时使用两种有效药物，以避免有抗药性而影响治疗效果。可用磺胺间甲氧嘧啶钠按 50~100 毫克／千克饲料，并按说明用量配合维生素 K₃ 混合饮水，连用 3~5 天，间隔 3 天，药量减半后再连用 5~10 天即可。

第三节　鸡组织滴虫病

一、发病情况

鸡组织滴虫病又称盲肠肝炎、鸡黑头病，是鸡的一种急性原虫病。该病常发生于2~6周龄的鸡，散养优质肉鸡多见。该病常造成鸡头颈瘀血呈黑色，故称黑头病。

二、临床症状与病理变化

① 病鸡精神不振，食欲减退，翅下垂，呈硫黄色下痢，或淡黄色或淡绿色下痢（图5-43）。

图5-43　组织滴虫引起淡黄色或淡绿色下痢

②黑头，鸡冠、肉髯、头颈瘀血，发绀（图5-44）。

图5-44 鸡冠、肉髯、头颈瘀血，发绀

③一侧或两侧盲肠发炎、坏死，肠壁增厚或形成溃疡，干酪样肠芯（图5-45至图5-48）。

图5-45 盲肠肿胀

图5-46 盲肠内形成的栓塞物

图5-47 盲肠内形成黄色栓塞

图5-48 盲肠壁增厚，内有干酪样栓塞

④肝脏肿大，表面有特征性扣状（榆钱样）凹陷坏死灶。肝出现颜色各异、不整圆形稍有凹陷的溃疡状灶，通常呈黄灰色，或是淡绿色。溃疡灶的大小不等，一般为1~2厘米的环形病灶，也可能相互融合成大片的溃疡区（图5-49至图5-51）。

图5-49 肝脏肿大，表面有扣状凹陷坏死灶

图 5-50　肝脏肿大，表面有榆钱样坏死灶

图 5-51　肝脏表面的黄色坏死灶

三、防治

加强饲养管理，建议采用笼养方式。用伊维菌素定期驱除异刺线虫。发病鸡群用 0.1% 的甲硝唑拌料，连用 5~7 天有效。

第一节　痛风

一、发病情况

鸡痛风病是由于鸡机体内蛋白质代谢发生障碍，使大量的尿酸盐蓄积，沉积于内脏或关节而形成的高尿酸血症。当饲料中蛋白质含量过高，特别是动物内脏、肉屑、鱼粉、大豆和豌豆等富含核蛋白和嘌呤碱的原料过多时，可导致严重痛风；饲料中镁和钙过多或日粮中长期缺乏维生素A等，均可诱发本病。

二、临床症状与病理变化

① 患病鸡开始无明显症状，以后逐渐表现为精神萎靡（图6-1），食欲不振，消瘦，贫血，鸡冠萎缩、苍白。

图6-1　病鸡精神萎靡

②泄殖腔松弛，不自主地排白色稀便，污染泄殖腔下部羽毛。

③关节型痛风，可见关节肿胀，瘫痪。病鸡蹲坐或独肢站立，跛行（图6-2）。

④幼雏痛风，出壳数日到10日龄，排白色粪便（图6-3）。

⑤脚垫肿胀，有白色尿酸盐沉积（图6-4）；关节内充满白色黏稠液体，严重时关节组织发生溃疡、坏死（图6-5）。

图6-2 患有痛风的病鸡，爪部关节　图6-3 夹杂有白色尿酸盐的粪便
　　　肿大

图6-4 脚垫肿胀，有白色尿酸盐沉积　图6-5 关节轻度肿胀，有白色尿酸
　　　　　　　　　　　　　　　　　　　盐沉积

⑥ 病死鸡肌肉、心脏、肝脏、腹膜、脾脏、肾脏及肠系膜、浆膜面等覆盖一层白色尿酸盐，似石灰样白膜（图6-6至图6-15）。

图6-6　龙骨下大量尿酸盐沉积

图6-7　肠浆膜面的尿酸盐沉积

图6-8　肾脏肿胀，输尿管增粗，内有大量尿酸盐沉积

图6-9　肾脏表面的尿酸盐沉积

图6-10　内脏表面大量尿酸盐沉积

图6-11　心包内大量尿酸盐沉积

图6-12　心包内大量尿酸盐沉积

图6-13　痛风导致内脏与胸壁粘连

图6-14　腺胃黏膜上的尿酸盐沉积

图6-15　腹部脂肪上的尿酸盐沉积

三、防治

　　加强饲养管理，保证饲料的质量和营养的全价，尤其不能缺乏维生素A；做好诱发该病的疾病的防治；不要长期使用或过量使用对肾脏有损害的药物及消毒剂，如磺胺类药物、庆大霉素、卡那霉素、链霉素等。

　　治疗过程中，降低饲料中蛋白质的水平，饮水中加入电解多维，给予充足的饮水，停止使用对肾脏有损害作用的药物和消毒剂。饲料和饮水中添加阿莫西林、人工补液盐等，连用3~5天，可缓解病情。使用清热解毒、通淋排石的中药方剂，也有较好疗效。

第二节　痢菌净中毒

一、发病情况

痢菌净学名乙酰甲喹，为兽用广谱抗菌药物。由于其价格低廉，且对大肠杆菌病、沙门氏菌病、巴氏杆菌病等都有较好的治疗作用，故在养鸡生产中被广泛应用。

常见痢菌净中毒的原因：一是搅拌不匀导致中毒，特别是雏鸡更为明显；二是计算错误或称重不准确，使药物用量过大而导致中毒；三是重复或过量用药，由于当前兽药品种繁多，很多品种未标明实有成分，致使两种药物合用加大了痢菌净的用量，造成中毒；四是个别养殖户滥用药，随意加大用药剂量导致中毒。

二、临床症状与病理变化

① 乙酰甲喹中毒造成的死亡率可达20%~40%，有的甚至达90%以上，且鸡日龄越小，对药物越敏感，给养鸡业造成的损失也就越大。

② 病鸡缩颈呆立，翅膀下垂，喙、爪发绀，不喜活动，常呆立，采食减少或废绝。个别雏鸡发出尖叫声，腿软无力，步态不稳，肌肉震颤，最后倒地，抽搐而死。

③ 刚中毒的鸡，腺胃和肌胃交界处有暗褐色坏死。中毒死亡的鸡，腺胃肿胀，乳头出血，肌胃皮质层脱落、出血、溃疡；腺胃、腺胃与肌胃交界处陈旧性出血、糜烂（图6-16至图6-19）。

图 6-16 腺胃、腺胃与肌胃交界处
陈旧性出血、糜烂；小肠中断局灶性
出血；盲肠内有血样内容物

图 6-17 腺胃乳头出血，肌胃腺胃
交界处糜烂、出血

图 6-18 腺胃和肌胃交界处有暗褐
色坏死

图 6-19 腺胃、腺胃和肌胃交界处
的陈旧性出血、糜烂

④ 小肠中断局灶性出血；盲肠、结肠内有血样内容物（图 6-20、图 6-21）。

⑤ 肝脏肿大，呈暗红色，质脆易碎，胆囊肿大（图 6-22）。

三、防治

迅速停用痢菌净或含有痢菌净成分的药物。治疗原则是解毒、保肝、护肝、强心脱水。首选药物为 5% 葡萄糖和 0.1% 维生素 C，

图 6-20　盲肠、结肠局灶性出血腺
胃肌胃交界处陈旧性出血（一）

图 6-21　盲肠、结肠内局灶性出血，
腺胃肌胃交界处陈旧性出血（二）

图 6-22　肝脏肿大，暗红色；胆囊肿大

并且维生素 C 要在 0.1% 的基础上逐渐递减，同时要严禁用对肝脏和肾脏有副作用的药物以及干扰素类生物制品。

生产中应用含有痢菌净成分的药物防治细菌性疾病时应特别慎重。

第三节　磺胺类药物中毒

一、发病情况

磺胺类药物可分为3类：一类是易于肠道内吸收的，一类是难以吸收的，还有一类是局部外用的。其中以第一类中毒较易发生，常见的药物有磺胺噻唑、磺胺二甲嘧啶等。

中毒原因有四：一是长时间、大剂量使用磺胺类药物防治鸡球虫病、禽霍乱、鸡白痢等疾病；二是在饲料中搅拌不匀；三是由于计算失误，用药量超过规定的剂量；四是用于幼龄或弱质肉鸡，或饲料中缺乏维生素K。

二、临床症状与病理变化

① 病鸡表现委顿、采食量减少、体重减轻或增重减慢，常伴有下痢（图6-23）。由于中毒的程度不同，鸡冠和肉髯先是苍白，继而发生黄疸。

图6-23　中毒鸡下痢

② 皮下胶冻样，出血（图6-24、图6-25），肌肉和内部器官出血，尤以胸肌、大腿肌明显，呈点状或斑状出血（图6-26、图6-27）；肠道可见点状和斑块状出血，盲肠内含有血液（图6-28）。

图6-24 皮下胶冻样，出血

图6-25 皮下胶冻样渗出

图6-26 腿肌出血

图6-27 腿肌出血

图6-28 盲肠内出血

③腺胃和肌胃角质层下可能出血（图6-29至图6-33）；肝肿大、色黄，常有出血点和坏死灶（图6-34至图6-36）。

图6-29　腺胃、肌胃交界处出血

图6-30　肌胃、腺胃出血

图6-31　肌胃角质层下出血

图6-32　肌胃角质层糜烂，出血

图6-33　肌胃出血

图6-34　肝脏肿大，土黄色

图6-35　肝脏肿大，心肌出血（一）

图6-36　肝脏肿大，心肌出血（二）

④肾脏肿大，土黄色（图6-37）；输尿管增粗，充满尿酸盐，肾盂和肾小管可见磺胺结晶。

⑤雏鸡比成年鸡更易中毒，常发生于6周龄以下的肉鸡群，

图6-37　肾脏土黄色

161

可造成大量死亡（图6-38）。

图6-38　中毒鸡群出现大批死亡

三、防治

使用磺胺类药物时用量要准确，搅拌要均匀；用药时间不应过长，一般不超过5天；雏鸡应用磺胺二甲嘧啶和磺胺喹噁啉时要特别注意；用药时应提高饲料中维生素 K_3 和维生素 B 的含量；将2~3种磺胺类药物联合使用可提高防治效果，减慢细菌耐药性。

对发病的鸡立即停药，增加饮水量，在饮水中加入1%~2%的小苏打水和5%葡萄糖水，加大饲料中维生素 K_3 和维生素 B 的含量；早期中毒可用甘草糖水进行一般性解毒，严重者可考虑通肾。

第七章

常见综合征与杂症

第一节 气囊炎

一、发病情况

气囊炎只是一个征状，而并不是一个独立的病。

（一）病原

流感病毒是这些年来发生气囊炎的一个主导性病原，也是这些年气囊炎发病严重的一个主要原因。此外，大肠杆菌、支原体（霉形体）、传染性支气管炎病毒、霉菌、鼻气管鸟杆菌等，都是导致气囊炎的重要病原。

（二）环境、管理因素

气候因素，通风、密度和湿度的问题，免疫抑制病的存在等，是发生气囊炎的重要诱因。

二、临床症状与病理变化

① 鸡群呼吸急促甚至张口呼吸，皮肤及可视黏膜瘀血，外观发红、发紫，精神沉郁，死亡率上升。

② 气囊混浊，呈云雾状（图7-1、图7-2）、泡沫样，严重的

图 7-1 气囊浑浊

图 7-2 气囊浑浊，云雾状

干酪样物质渗出，严重病例，气囊变成一个外观看似实体器官的瘤状物，打开可以见到干酪样物质充满其中。

③ 气囊增厚，有干酪样物（图 7-3 至图 7-5），肺脏泡沫样渗出（图 7-6）。

图 7-3 气囊上的黄色干酪样物

图 7-4 气囊变厚，有干酪样物

图 7-5 气囊上的黄色干酪样物

图 7-6 肺脏上的泡沫样渗出

④ 心包炎，肝周炎；心包积液，有时出现胸腔积液（图7-7至图7-9）。

图7-7　心包炎、肝周炎

图7-8　心包炎、心包积液

三、治疗

要对气囊炎进行有效的治疗，首先应搞明白发生气囊炎的原因。如果只对气囊炎本身采取措施，不会取得很好的效果。

图7-9　心包炎，胸腔积液

（一）治疗的基本原则

① 消除病因，对症治疗。针对气囊炎发生的原因采取相应的措施，如抗病毒、抗菌消炎，清热、化痰、平喘等。改善饲养环境，处理好通风与保温的矛盾。

② 加强饲养管理。生物安全措施的实施是防止传染病的根本措施。

③ 控制好免疫抑制性病的发生也是控制气囊炎发生的一个重要方面。

④ 采取综合措施。不要只强调对气囊炎的单纯治疗，应重视对因治疗和全身治疗。

（二）用药方案

通过注射、饮水、拌料等途径治疗气囊炎，药物的吸收难以达到有效的血药浓度，对气囊上的微生物很难杀死，因此效果不很可靠。所以，在药物选择上，应该选用组织穿透能力强、血液浓度高、敏感程度高的药物作为首选药物。

使用气雾法用药能够使药物直达病灶，对气囊上的微生物予以直接杀灭。但气雾法用药应使用能调节雾滴粒子大小的专门的气雾机来进行，适宜大小的雾滴能够穿透肺脏而直到气囊。

第二节 肌腺胃炎

一、发病情况

① 腺胃炎可发生于不同品种、不同日龄的肉鸡，无季节性，一年四季均可发生，但以秋、冬季最为严重，多散发。该病流行广，传播快，在 7~10 日龄各品种雏鸡易感中，育雏室温度较低的鸡群更易发病，死亡率低，发病后其继发大肠杆菌、支原体、新城疫、球虫、肠炎等疾病，而引起死亡率上升。

② 该病的发生可能有比较大的局限性（即发病多集中在一个地理区域）。

③ 该病是一种综合征。在良好饲养管理下（无发病诱因时）不表现临床症状或发病很轻。当有发病诱因时，鸡群则表现出腺胃炎的临床症状；诱因越多，腺胃炎的临床症状表现越重，诱因起到了"开关"的作用。

二、临床症状与病理变化

① 本病潜伏期内，鸡群精神和食欲没有明显变化，仅表现生长缓慢和打盹。

② 病鸡羽毛蓬乱，无精神，翅膀下垂，采食量和饮水量明显下降，粪便变细呈饲料颜色，采食量仅为正常采食量的一半（图 7-10）。

③ 饲料转化率降低，排出白色、白绿色、黄绿色稀粪，油性鱼肠子样或烂胡萝卜样，少数病鸡排出绿色粪便，粪便中有未消化的饲料和黏液（图 7-11）。有时见到瘫鸡（图 7-12）。

图7-10　鸡群整齐度差，面部苍白

图7-11　缩头垂尾，羽毛不整，排白色鱼肠子样粪便

图7-12　病鸡瘫痪

图7-13　稀薄的料粪

④ 腺胃肿大如球，呈乳白色。腺胃乳头呈不规则突出、变形、肿大、轻轻挤压可挤出乳状液体。腺胃、肌胃连接处呈不同程度的糜烂、溃疡，肌胃壁肿胀，角质层糜烂（图7-14至图7-27）。

图7-14　雏鸡腺胃肿大

图7-15　肌胃壁增厚

图7-16　肌胃角质层糜烂

图7-17　腺胃肿大，肌胃角质层增厚、糜烂

图7-18　腺胃肿大，消化道贫血

图7-19　腺胃肿大如乒乓球

图 7-20 腺胃肿大

图 7-21 肌胃角质层糜烂

图 7-22 腺胃肿大

图 7-23 腺胃黏膜肿胀、变厚，剪开自动外翻

图 7-24 腺胃肿大，肌胃角质层增厚、糜烂

图 7-25 腺胃、肌胃交界处糜烂、溃疡，肌胃萎缩

图 7-26　肌胃角质层糜烂

图 7-27　腺胃乳头水肿

⑤ 胸腺、脾脏严重萎缩（图 7-28）。

三、防治

① 严格执行生物安全措施，加强饲养管理，尽可能减少鸡腺胃炎的诱因。

② 根据当地养鸡疫病流行特点，结合本场的实际，科学制定免疫程序，并按鸡

图 7-28　胸腺萎缩、褪色

群生长的不同阶段，严格进行免疫接种。着重做好鸡新城疫、禽流感、传染性支气管炎、传染性法氏囊病的免疫接种，是防治鸡腺胃炎发生的重要手段之一。

③ 药物防治。

a. 中西结合：中药木香、苍术、厚朴、山楂、神曲、甘草等分别粉碎过筛后，与庆大霉素、雷尼替丁同时使用，有较好效果。

b. 在饮水中添加维生素 B+ 青霉素（或头孢类）+ 中药开胃健胃口服液（严重个别鸡投西咪替丁）+ 干扰素。

第三节　肠毒综合征

一、发病情况

肉鸡肠毒综合征又叫过料症，是商品肉鸡群普遍存在的一种以腹泻、粪便中含有未被消化的饲料、采食量明显下降、生长缓慢或体重减轻、脱水和饲料报酬下降为特征的疾病。地面平养肉鸡发病率高于网上平养。各年龄段，早至 7~10 日龄，晚至 40 多日龄均有发病。投服常规肠道药不能收到理想的效果，最后导致鸡群体弱多病，料比增高，后期伤亡率较大，大大提高了饲养成本。

二、临床症状与病理变化

① 最急性病例死亡很快，死前不表现任何临床症状，死后两脚直伸，腹部朝天，多为鸡群中体质较好者。

② 急性病鸡尖叫、奔跑、瘫痪或共济失调，常见到一只脚伸直的病鸡（图 7-29），采食量迅速下降，接着腾空跳跃几下便仰面朝天而死。

③ 慢性病例最多见，初期无明显症状，消化不良，粪便颜色也

图 7-29　病鸡一只脚直伸

接近料色，内含未消化完全的饲料，时间稍长会发现鸡群长势不佳、减料、料肉比偏高。随着时间的延长，鸡的粪便中出现肉样或烂西红柿样、鱼肠子样夹带白色石灰样稀便或灰黄色（接近饲料颜色）的水样稀便（图7-30）。

④肠管增粗，肠壁菲薄、出血，肠道内有未被消化的饲料或脓性分泌物（图7-31至图7-37）。

图7-30　鱼肠子样夹带白色石灰样稀便

图7-31　肠壁菲薄，肠管增粗

图7-32　肠壁出血

图7-33　肠壁出血，肠内有未消化的饲料

图 7-34　肠内未消化的饲料被脓性　　　图 7-35　肠道内脓性分泌物（一）
　　　　　分泌物包裹

图 7-36　肠道内脓性分泌物（二）　　　图 7-37　肠道内脓性分泌物（三）

三、防治

防治本病，避免出现以下 3 个误区。

1. 强制止泻

肠毒综合征死亡率高的原因不在于腹泻，而是自体中毒。发生肠毒综合征时要注意引导排毒，而不是一味止泻。

2. 用多种维生素

多种维生素可以补充营养、增强机体抵抗力，但是鸡患肠毒综合征时应该禁止使用。

3. 拌料给药

肠毒综合征会导致肉鸡不断勾料（把料筒的料勾到地上），再加上鸡只发病后采食量会出现不同程度的下降，如果此时拌料给药，就会导致饲料被大多数健康鸡和症状轻微的鸡吃了，病鸡没食欲，或者吃的很少，达不到治疗效果，不能产生应有的疗效。

因此，适时合理的进行药物防治，尤其注意预防球虫病的发生，是治疗肠毒综合征的第一要务，而且使用磺胺药才是正确的选择。可首先在饮水、饲料中使用磺胺类药物，球虫药用到第3天时使用抗生素，氨基糖苷类和喹诺酮类联合使用效果不错；对细菌、病毒混合感染的情况，在使用大环内酯类药物的同时，添加黄芪多糖粉。

平时要加强饲养管理，中后期尽可能保持鸡舍内环境清洁干燥，加强通风换气，减少球虫、呼吸道和大肠杆菌等的感染机会。

附录　无公害食品肉鸡饲养中允许使用的治疗药

类别	药品名称	剂型	用法与用量 （以有效成分计）	休药期 （天）
抗菌药	硫酸安普霉素	可溶性粉	混饮，0.25~0.5 克 / 升，连饮 5 天	7
	亚甲基水杨酸杆菌肽	可溶性粉	混饮，预防 25 毫克 / 升；治疗，50~100 毫克 / 升，连用 5~7 天	1
	硫酸黏杆菌素	可溶性粉	混饮，20~60 毫克 / 升	7
	甲磺酸达氟沙星	溶液	20~50 毫克 / 升 1 次 / 天，连用 3 天	
	盐酸二氟沙星	粉剂、溶液	内服、混饮，5~10 毫克 / 千克体重，2 次 / 天，连用 3~5 天	1
	恩诺沙星	溶液	混饮，25~75 毫克 / 升，2 次 / 天，连用 3~5 天	2
	氟苯尼考	粉剂	内服，20~30 毫克 / 千克体重，2 次 / 天，连用 3~5 天	30 天暂定
	氟甲喹	可溶性粉	内服，3~6 毫克 / 千克体重，2 次 / 天，连用 3~4 天，首次量加倍	
	吉他霉素	预混剂	100~300 克/1000 千克，连用 5~7 天，不得超过 7 天	7
	酒石酸吉他霉素	可溶性粉	混饮，250~500 毫克 / 升，连用 3~5 天	7
	牛至油	预混剂	22.5 克 /1000 千克，连用 7 天	

类别	药品名称	剂型	用法与用量 （以有效成分计）	休药期 （天）
抗菌药	金荞麦散	粉剂	治疗：混饲 2 克 / 千克 预防：混饲 1 克 / 千克	0
	盐酸沙拉沙	溶液	20~50 毫克 / 升，连用 3~5 天	
	复方磺胺氯哒嗪钠 （磺胺氯哒嗪钠 + 甲 氧苄啶）	粉剂	内服，20 毫克 /（千克 体重·天）+4 毫克 /（千 克体重·天），连用 3~6 天	1
	延胡索酸泰妙菌素	可溶性粉	混饮，125~250 毫克 / 升，连用 3 天	
	磷酸泰乐菌素	预混制	混饲，26~53 克 /1000 千克	5
	酒石酸泰乐菌素	可溶性粉	混饮，500 毫克 / 升， 连用 3~5 天	1
	盐酸氨丙啉	可溶性粉	混饮，48 克 / 升，连用 5~7 天	7
	地克珠利	溶液	混饮，0.5~1 毫克 / 升	
	磺胺氯吡嗪钠	可溶性粉	混饮，300 毫克 / 升混 饲，600 克 /1000 千克， 连用 3 天	1
抗寄生虫药	越霉素 A	预混剂	混饲，10~20 克 /1000 千克	3
	芬苯哒唑	粉剂	内服，10~50 毫克 / 千 克体重	
	氟苯咪唑	预混剂	混饲，30 克 /1000 千克， 连用 4~7 天	14
	潮霉素 B	预混剂	混饲，8~12 克 /1000 千 克，连用 8 周	3
	妥曲珠利	溶液	混饮，25 毫克 / 升，连 用 2 天	

参考文献

[1] 陈理盾，等.禽病彩色图谱 [M].沈阳：辽宁科学技术出版社，2009.

[2] 李连任，等.商品肉鸡常见病防治技术 [M].北京：化学工业出版社，2012.

[3] 李连任.轻松学鸡病防制 [M].北京：中国农业科学技术出版社，2014.